中国电子教育学会高教分会推荐·现代通信技术系列教材

高等学校新工科应用型人才培养"十三五"规划教材

数字图像处理算法
典型实例与工程案例

苏　军　任小玲　胡文学

陈　宁　师红宇

编著

西安电子科技大学出版社

内 容 简 介

本书是数字图像处理实验教材，内容包含图像增强、图像还原和图像分割等图像处理技术的基本原理、典型算法以及实验程序代码。除了基础知识外，书中还加入了实际的工程案例章节，提供了相关的原理分析、算法描述和程序代码实现。

本书共9章，分别是调试软件的使用、图像增强、图像还原、图像分割、图像压缩、图像采集、静态视频监视下运动目标的检测、手写数字图像的识别和织物疵点检测。每章都包含相关知识介绍、典型实验及程序编码，以及对程序编码的必要说明，使读者能够掌握基于OpenCV 的图像处理编程技术和方法，这也是本书的特色。

本书可作为高等学校计算机、通信和自动化等相关专业本科生、研究生的教材，或者作为工作在图像处理、识别领域一线的广大技术人员的参考资料，也可作为数字图像处理课程设计的素材。

图书在版编目(CIP)数据

数字图像处理算法典型实例与工程案例 / 苏军等编著. —西安：西安电子科技大学出版社，2019.12
ISBN 978-7-5606-5505-5

Ⅰ. ① 数… Ⅱ. ① 苏… Ⅲ. ① 数字图像处理—教材 Ⅳ. ① TN911.73

中国版本图书馆 CIP 数据核字(2019)第 226579 号

策划编辑 戚文艳
责任编辑 姚智颖 雷鸿俊
出版发行 西安电子科技大学出版社(西安市太白南路 2 号)
电 话 (029)88242885 88201467 邮 编 710071
网 址 www.xduph.com 电子邮箱 xdupfxb001@163.com
经 销 新华书店
印刷单位 陕西天意印务有限责任公司
版 次 2019 年 12 月第 1 版 2019 年 12 月第 1 次印刷
开 本 787 毫米×1092 毫米 1/16 印 张 8.5
字 数 196 千字
印 数 1～3000 册
定 价 22.00 元

ISBN 978-7-5606-5505-5 / TN

XDUP 5807001-1

如有印装问题可调换

前　言

为了全面深入地掌握数字图像处理学科的相关知识，上机实验是数字图像处理课程中非常重要的实践环节。编者在教学中发现大部分数字图像处理教材采用 MATLAB 作为教学语言，利用 MATLAB 中的相关函数实现对数字图像的处理。

随着 OpenCV 发行，一个开源、跨平台的计算机视觉库为我们提供了图像处理和计算机视觉方面的算法。本书作为数字图像处理课程的实验教材，采用了 Visual Studio 2010 与 OpenCV2.4.9 共同搭建的实验环境，给出了图像处理相关算法描述，并提供了对应的程序代码。

本书共 9 章，第 1~5 章介绍典型数字图像处理算法，第 6~9 章提供了一些工程案例。书中各章包括实验目的、相关基础知识、实验内容、实验报告要求等内容，工程案例部分还附有相关函数和程序阅读。实验目的部分概括了每章实验需要重点掌握或一般了解的知识点；相关基础知识简要地介绍了数字图像处理的相关理论知识；实验内容给出实验需要完成的内容及程序代码；实验报告要求给出实验报告需要包含的内容；相关函数和程序阅读对工程案例实验中用到的关键程序代码进行了详细的注释和解读，供学生阅读以加深对实验内容的理解。

本书是一本数字图像处理课程的实验教材，基本覆盖了数字图像处理的主要内容。希望读者能够体会到实验目的、相关基础知识、实验内容所蕴含的数字图像处理概念，学会一定的 OpenCV 编程技术。书中所有程序代码都通过上机测试，需要的读者可发邮件到 junsus@163.com 免费索取。

本书第 1、2 章由胡文学编写，第 3、5 章由师红宇编写，第 4、8 章由任小玲编写，第 6、7 章由苏军编写，第 9 章由陈宁编写。苏军设计了全书的结构，并做了统稿工作。本书在编写和出版过程中得到了西安工程大学领导、西安电子科技大学出版社戚文艳编辑的大力支持和帮助，在此表示感谢。

由于编者水平有限，书中难免有疏漏和不足之处，恳请广大读者和同行专家批评指正。

编　者
2019 年 7 月

目　　录

第 1 章　调试软件的使用 ·· 1

1.1　实验目的 ·· 1

1.2　关于 OpenCV ··· 1

1.3　OpenCV 在 VS2010 中的环境配置及程序开发步骤 ························ 2

1.4　OpenCV 的常用数据类型与常用操作 ··· 6

1.5　OpenCV 的常用函数 ··· 8

1.6　程序在编译、链接、运行中常见错误的处理 ······························ 12

1.7　实验内容 ··· 15

1.8　实验报告要求 ·· 16

第 2 章　图像增强 ·· 17

2.1　实验目的 ··· 17

2.2　相关基础知识 ·· 17

　　2.2.1　空域增强原理 ··· 17

　　2.2.2　频域增强原理 ··· 18

　　2.2.3　图像增强的典型方法 ··· 18

2.3　实验内容 ··· 23

2.4　实验报告要求 ·· 32

思考题 ·· 32

第 3 章　图像还原 ·· 33

3.1　实验目的 ··· 33

3.2　相关基础知识 ·· 33

　　3.2.1　图像退化模型 ··· 33

　　3.2.2　图像还原方法 ··· 34

3.3　实验内容 ··· 36

3.4　实验报告要求 ·· 47

思考题 ·· 47

第 4 章　图像分割 ·· 48

4.1　实验目的 ··· 48

4.2　相关基础知识 ·· 48

4.2.1　数字图像边缘检测方法 ··· 48

4.2.2　分水岭图像分割方法 ·· 50

4.2.3　基于形态学的图像分割方法 ······································ 51

4.2.4　基于区域增长的分割算法 ··· 52

4.3　实验内容 ··· 52

4.4　实验报告要求 ··· 68

思考题 ·· 68

第5章　图像压缩 ··· 69

5.1　实验目的 ··· 69

5.2　相关基础知识 ·· 69

5.2.1　图像压缩基本原理 ·· 69

5.2.2　经典的图像压缩编码方法 ·· 71

5.2.3　图像压缩技术标准 ·· 72

5.3　实验内容 ··· 74

5.4　实验报告要求 ··· 86

思考题 ·· 86

第6章　图像采集 ··· 87

6.1　实验目的 ··· 87

6.2　相关实验环境设施介绍 ·· 87

6.3　实验内容 ··· 89

6.4　实验报告要求 ··· 92

思考题 ·· 92

第7章　静态视频监视下运动目标的检测 ··································· 93

7.1　实验目的 ··· 93

7.2　相关基础知识 ·· 93

7.2.1　相邻帧间差法 ··· 93

7.2.2　背景减除法 ··· 95

7.3　实验内容 ··· 95

7.4　相关函数与程序阅读 ··· 102

7.5　实验报告要求 ··· 102

思考题 ·· 103

第 8 章　手写数字图像的识别 ································· 104

8.1　实验目的 ·· 104

8.2　相关基础知识 ··· 104

　8.2.1　模式识别的基本原理 ······························ 104

　8.2.2　手写数字图像识别的基本原理 ···················· 105

8.3　实验内容 ·· 107

8.4　实验报告要求 ··· 111

思考题 ··· 111

第 9 章　织物疵点检测 ································· 112

9.1　实验目的 ·· 112

9.2　相关基础知识 ··· 112

　9.2.1　背景 ··· 112

　9.2.2　疵点的概念 ······································· 112

　9.2.3　疵点的检测方法 ··································· 113

　9.2.4　织物疵点的检测流程 ······························ 114

　9.2.5　纺织工业领域的疵点检测硬件系统 ·················· 115

　9.2.6　相关实验环境设施介绍 ···························· 116

9.3　实验内容 ·· 116

9.4　相关函数和程序阅读 ··································· 121

9.5　实验报告要求 ··· 127

思考题 ··· 127

参考文献 ··· 128

第 1 章　调试软件的使用

1.1　实 验 目 的

- 熟悉 Visual Studio 2010(可简写为 VS2010)软件的集成开发环境，并掌握其编译、调试、运行等操作。
- 掌握 OpenCV 的环境配置及程序开发步骤。
- 能编写简单的图像处理程序，能验证 Visual Studio 2010 下 OpenCV 环境配置的正确性。
- 掌握程序在编译、链接、运行中常见错误的处理方法。

1.2　关于 OpenCV

OpenCV(Open Source Computer Vision，开源计算机视觉库)最初由 Intel 开发，是一个免费的跨平台实时图像处理库。OpenCV 可以进行计算机视觉有关的事务处理，它已经成为一个标准库工具，为图像处理、模式识别等提供多种标准库函数。读者如果需要 OpenCV 库，可登录 http://opencv.org 免费下载，该网站提供最新发布的版本以及各种老版本。本书采用的版本是 OpenCV 2.4.9。

OpenCV 为模块化结构，代码包中包含了每个模块的一个静态库或动态库(DLL)，代码包中的主模块有：

- core 模块：提供 OpenCV 的一些基本数据结构(包括密集的多维数组 Mat)和所有其他模块使用的基本函数。
- imgproc 模块：提供一些图像处理函数，包括线性和非线性图像滤波函数、几何图像转换(调整大小、仿射和透视变形、基于通用表的重映射)函数、颜色空间转换函数、直方图函数等。
- video 模块：提供视频分析功能，包括运动估计、目标跟踪和前景提取。
- features2d 模块：用于特征检测，包含特征检测、特征描述和特征匹配等函数。
- calib3d 模块：包含相机标定、双视角几何估计以及立体函数。
- objdetect 模块：用于目标检测，汇集了目标检测函数，如面部和人体探测器等。

另外，OpenCV 库还包含了一些其他的实用模块，如机器学习函数(ml 模块)、计算几何算法(flann 模块)、共享代码(contrib 模块)、过时的代码(legacy 模块)以及 GPU 加速代码(gpu 模块)等。

1.3 OpenCV 在 VS2010 中的环境配置及程序开发步骤

首先，安装 Visual Studio 2010 开发工具和 OpenCV 库(这里的版本是 2.4.9)，将 OpenCV 库解压安装在 F 盘根目录下。下面说明如何在 Visual Studio 2010 上配置 OpenCV 库。

1. 新建项目

(1) 启动 Visual Studio 2010，进入开发窗口，如图 1-1 所示。

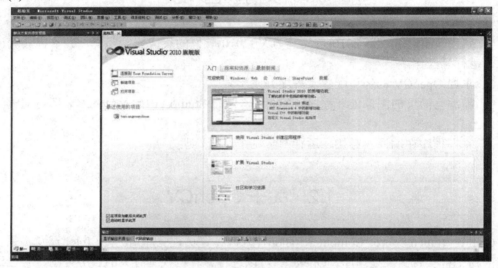

图 1-1　Visual Studio 2010 开发窗口

(2) 选择"文件→新建→项目"，弹出对话框如图 1-2 所示。在"已安装的模板"中选择"Visual C++"，在项目文件类型选择框中选中"Win32 控制台应用程序"，输入项目名称"showing"，选择保存项目文件的位置为 F:\范例\范例 1-1，单击"确定"按钮。

图 1-2　新建项目

(3) 弹出对话框如图 1-3 所示，单击"下一步"按钮。

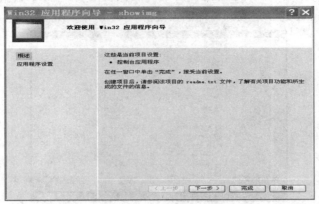

图 1-3　Win32 控制台应用程序向导

(4) 弹出对话框如图 1-4 所示，在"应用程序类型"栏目中选择"控制台应用程序"单选按钮，"附加选项"栏目中选中"空项目"复选框，单击"完成"按钮，完成对项目文件的创建。

图 1-4　创建控制台应用程序

(5) 项目文件创建完成后，接着需要创建项目文件的源文件。在图 1-5 所示的界面中，选中"源文件"列表，单击鼠标右键，在弹出的快捷菜单中选择"添加→新建项"添加源文件。

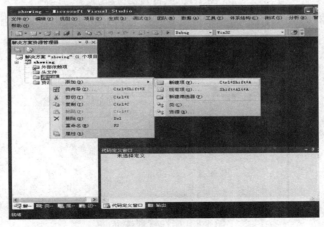

图 1-5　添加源文件

(6) 弹出对话框如图 1-6 所示，选择源文件的类型为"C++ 文件(.cpp)"选项，输入源文件名称"showimg.cpp"，完成源文件的创建。

图 1-6　创建 showimg.cpp 源文件

2. 完成 OpenCV 的配置

(1) 如图 1-7 所示为项目开发窗口。在完成新建项目后，需要配置 OpenCV 库(包含目录和库目录)，在项目开发窗口中单击"视图→属性管理器"，弹出对话框如图 1-8 所示。

图 1-7　项目开发窗口

(2) 属性管理器界面如图 1-8 所示。在"属性管理器"中选中"showimg→Debug|Win32→Microsoft.Cpp.Win32.user"项，单击鼠标右键，在弹出的菜单中单击"属性"。

图 1-8　属性管理器界面

(3) 弹出属性配置界面如图 1-9 所示，选择"通用属性→VC++ 目录→包含目录"，单击右边的下拉按钮，选中"编辑"项。

图 1-9　属性配置界面

(4) 弹出的对话框如图 1-10 所示，在文本框中输入以下内容：

F:\opencv\opencv\build\include

F:\opencv\opencv\build\include\opencv

F:\opencv\opencv\build\include\opencv2

注意，以上路径均为 OpenCV 的安装路径。单击"确定"按钮，至此，包含目录的配置就完成了。

图 1-10　配置包含目录的对话框

(5) 在如图 1-9 所示的界面中单击"通用属性→VC++目录→库目录"，单击右边的下拉按钮，选择"编辑"，弹出对话框如图 1-11 所示，在文本框中输入以下内容：

F:\opencv\opencv\build\x86\vc10\lib

注意，以上路径为 OpenCV 的安装路径。单击"确定"按钮，至此，库目录的配置就完成了。

图 1-11　配置库目录的对话框

(6) 完成附加依赖项的配置。在如图 1-12 所示的界面中单击"通用属性→链接器→输入→附加依赖项",单击右边的下拉按钮,选择"编辑"。

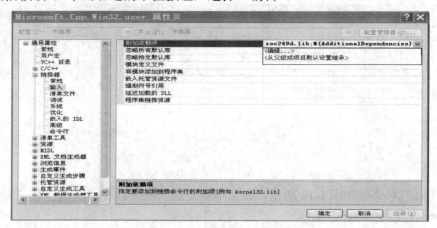

图 1-12 打开"附加依赖项"对话框

(7) 弹出对话框如图 1-13 所示,在对话框的文本框中依次添加:

opencv_core249d.lib

opencv_highgui249d.lib

opencv_imgproc249d.lib

单击"确定"按钮,至此,附加依赖项的配置就完成了。

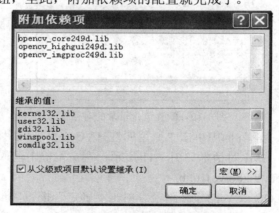

图 1-13 配置附加依赖项

(8) 上述步骤已完成对 OpenCV 的配置。要保证用户程序能正常运行,还需将 opencv_core249d.dll、opencv_highgui249d.dll、opencv_imgproc249d.dll 这三个文件从 F:\opencv\build\x86\vc10\bin 路径下拷贝到对应的工程目录(F:\范例\范例 1-1)下。

1.4 OpenCV 的常用数据类型与常用操作

1. 常用数据类型

OpenCV 的常用数据类型可参见表 1-1。

表 1-1 OpenCV 的常用数据类型

类 型	类型关键字	示 例
(Small) Vec (向量类)	VecAB(A 可以是 2、3、4、5 或 6；B 可以是 b、s、i、f 或 d)	Vec3b rgb; rgb[0]=255;
(UP to 4) scalars (表示颜色，如 RGB 的 颜色值)	Scalar	Scalar (a, b, c); //RGB 颜色值中的红色分量为 a，绿色分量为 b，蓝色分量为 c

Point
(表示点)
	PointAB(A 可以是 2 或 3；B 可以是 i、
	f 或 d)
		Point3d p;
		p.x=0;
		p.y=0;
		p.z=0;

Size
(表示尺寸)
	Size	Size s;
		s.width=30;
		s.height=40;

Rectangle
(表示图像的部分区域)
	Rect	Rect r;
		r.x=r.y=0;
		r.weight=r.height=100;

2. 常用操作

OpenCV 的常用操作可参见表 1-2。

表 1-2 OpenCV 的常用操作

操 作	代 码 示 例
设置矩阵的值	img.setTo(0);　　　　　　　// 1 个通道的图像 img.setTo(Scalar(B, G, R));　// 3 个通道的图像
Mat 矩阵初始化	Mat m1 = Mat::eye(100, 100, CV_64F); Mat m2 = Mat::zeros(100, 100, CV_8UC1); Mat m3 = Mat::ones(100, 100, CV_8UC1)*255;
随机初始化	Mat m1 = Mat(100, 100, CV_8UC1); randu(m1, 0, 255);
创建矩阵的一个副本	Mat img1 = img.clone();
创建一个(具有掩码)矩阵的副本	img.copy(img1, mask);
引用一个子矩阵(不复制数据)	Mat img1 = img(Range(r1, r2), Range(c1, c2));
图像裁剪	Rectroi(r1, c2, width, height); Mat img1 = img(roi).clone();　//数据拷贝

续表

操　作	代 码 示 例
调整图像大小	resize(img, img1, Size(), 0.5, 0.5); //将图像变为原来的 1/2

翻转图像	flip(imgsrc, imgdst, code);
	//code=0 => 垂直翻转
	//code>0 => 水平翻转
	//code<0 => 垂直和水平翻转

分割通道	Mat chananel[3]; split(img, channel); imshow("B", channel[0]);　//显示蓝色
合并通道	merge(channel, img);
计算非零像素数	intnz = countNonZero(img);
最大值和最小值	double m, M; point mLoc, MLoc; minMaxLoc(img, &m, &M, &mLoc, &MLoc);

像素值均值	Scalar m, stdd;
	meanStdDev(img, m, stdd);
	unit mean_pxl = mean.val[0];

检查图像数据是否为空	if (img.empty()) cout<< "couldn´t load image" <<endl;

1.5　OpenCV 的常用函数

1. 窗口操作常用函数

OpenCV 的窗口操作常用函数可参见图 1-14。

namedWindow 函数

　功能：namedWindow 函数用于创建一个窗口。

　函数原型：void namedWindow(const string& winname, int flags=WINDOW_AUTOSIZE);

　参数 1：const string&型的 winname 为需要显示的窗口标识名称；

　参数 2：int 类型的 flags，为窗口的标识，可以填 WINDOW_NORMAL、WINDOW_AUTOSIZE 或 WINDOW_OPENGL。如果设置为 WINDOW_NORMAL，则用户可以改变窗口的大小(没有限制)。如果设置为 WINDOW_AUTOSIZE，则窗口大小会自动调整以适应所显示的图像，并且不能手动改变窗口大小。如果设置为 WINDOW_OPENGL，则窗口创建的时候便会支持 OpenGL。

imread 函数

　　功能：imread 函数用于读入图像。

　　函数原型：Mat imread(const string& filename, int flags=IMREAD_COLOR);

　　参数 1：const string&类型的 filename 为需要载入图片的路径名；

　　参数 2：int 类型的 flags 为载入标识，指定一个加载图像的颜色类型(默认 1 表示载入三通道的彩色图像)。其中，IMREAD_COLOR=0 表示 8 位灰度；IMREAD_COLOR>0 表示一个三通道的彩色图像。

　　例如：　Mat image1 = imread("1. jpg", 0);　　　　//载入灰度图

　　　　　　Mat image2 = imread("1. jpg", 199);　　　//载入三通道的彩色图像

imshow 函数

　　功能：imshow 函数在指定的窗口中显示一幅图像。

　　函数原型：void imshow(const string& winname, InputArray mat);

　　参数 1：const string& winname 为需要显示的窗口标识名称；

　　参数 2：InputArray 类型的 mat 为需要显示的图像。

　　imshow 函数用于在指定的窗口显示图像，如果窗口是用 CV_WINDOW_AUTSIZE(默认值)标志创建的，那么显示图像原始大小，否则将对图像进行缩放使之适应窗口大小。imshow 函数缩放图像的情况取决于图像的深度。

图 1-14　OpenCV 的窗口操作函数

2. 平滑滤波常用函数

OpenCV 的平滑滤波常用函数可参见图 1-15。

boxFilter 函数

　　函数原型：void boxFilter(InputArray src, OutputArray dst, int ddepth, Size ksize, Point anchor , bool normalize, int borderType)

　　参数 1：InputArray src 为输入图像 src；

　　参数 2：OutputArray dst 为输出图像 dst；

　　参数 3：int ddepth 为输出图像深度，−1 表示与输入图像使用相同的深度；

　　参数 4：Size ksize 定义内核(滤波器)的大小，一般用 Size(w, h)来表示内核(滤波器)的大小(其中，w 为像素宽度，h 为像素高度)。例如，Size(3, 3)就表示内核 3 × 3 的大小，Size(5, 5)就表示内核 5 × 5 的大小；

　　参数 5：Point anchor 表示被平滑的点 anchor(anchor pixel)定位像素的位置，其默认值(−1，−1)意味着定位像素是内核的中心；

　　参数 6：bool normalize 表示内核是否被归一化，默认值为 true；

　　参数 7：intborderType 表示边界类型。

GaussianBlur 函数

　　函数原型：void GaussianBlur(InputArray src, OutputArray dst, Size ksize, double sigmaX, double sigmaY = 0, int borderType = BORDER_DEFAULT)

　　参数 1：InputArray src 为输入图像 src；

　　参数 2：OutputArray dst 为输出图像 dst；

参数 3：Size ksize 定义滤波器的大小；

参数 4：double sigmaX，double sigmaY = 0，sigmaX 和 sigmaY 表示在 X 轴和 Y 轴方向上高斯核的标准偏差(standard deviation)，又称均方差。如果 sigmaY 为 0，则将 sigmaY 设置为与 sigmaX 相等。如果 sigmaX 和 sigmaY 都设置为 0，则使用 ksize 中给定的宽度和高度计算 sigmaX 和 sigmaY；

参数 5：int borderType 表示图像外部像素的某种边界模式，默认值为 BORDER_DEFAULT。

---

bilateralFilter 函数

函数原型：void bilateralFilter(InputArray src, OutputArray dst, int d, double sigmaCorlor, double sigmaSpace, int borderType = BORDER_DEFAULT)

参数 1：InputArray src 为输入图像 src；

参数 2：OutputArray dst 为输出图像 dst；

参数 3：int d 过滤过程中每个像素邻域的直径；

参数 4：double sigmaCorlor 表示颜色滤波器 sigma 的值；

参数 5：double sigmaSpace 表示坐标空间 sigma 的值；

参数 6：int borderType 表示图像外部像素的某种边界模式，默认值为 BORDER_DEFAULT。

该函数与高斯滤波类似，将具有权值的邻域像素赋值给每个像素，每个权值仅有两个分量，即 sigmaColor 和 sigmaSpace。sigmaColor 的值较大意味着各像素邻域内相距较远的颜色会被混合到一起，从而造成更大范围的半对等颜色。sigmaSpace 的值较大意味着只要像素间的颜色相近，较远的像素会相互影响。

---

blur 函数

函数原型：void blur(InputArray src, OutputArray dst, Size ksize, Point anchor = Point(-1, -1), int borderType = BORDER_DEFAULT)

参数 1：InputArray src 为输入图像 src，填 Mat 类的对象。需要注意，待处理的图片深度应该为 CV_8U、CV_16U、CV_16S、CV_32F 以及 CV_64F 之一；

参数 2：OutputArraydst 为输出图像 dst，需要和源图片有一样的尺寸和类型；

参数 3：Size ksize 定义内核的大小；

参数 4：Point anchor 为被平滑的点 anchor，Point(-1,-1)表示这个点在核的中心；

参数 5：int borderType 表示图像外部像素的某种边界模式，默认值为 BORDER_DEFAULT。

例如：blur(src, dst, Size(3, 3));

---

medianBlur 函数

函数原型：void medianBlur(InputArray src, OutputArray dst,int ksize)

参数 1：InputArray src 为输入图像 src；

参数 2：OutputArray dst 为输出图像 dst，需要和源图片有一样的尺寸和类型；

参数 3：int ksize 为孔径的尺寸，其值必须是大于 1 的奇数，比如 3、5、7、9、11 等

中值滤波是将图像的每个像素用邻域 (以当前像素为中心的正方形区域)像素的"中值"来代替。

图 1-15　OpenCV 的平滑滤波函数

3. 锐化函数

OpenCV 的常用锐化函数可参见图 1-16。

Sobel 函数

　　函数原型：void Sobel (InputArray src, OutputArray dst, int ddepth, int dx, int dy, int ksize=3, double scale=1, double delta=0, int borderType=BORDER_DEFAULT)

　　参数 1：InputArray src 为输入图像 src；

　　参数 2：OutputArray dst 为输出图像 dst；

　　参数 3：int ddepth 表示输出图像的深度，值为 −1 时使用与输入图像相同的深度；

　　参数 4，参数 5：int dx，int dy 分别是 x 方向上的差分阶数和 y 方向上的差分阶数；

　　参数 6：int ksize 为 Sobel 核的大小，默认为 3，必须取 1、3、5、7 之一；

　　参数 7：double scale 为计算导数值时可选的缩放因子，默认为 1；

　　参数 8：double delta 表示在结果存入目标图(参数 dst)之前可增加一个 delta 值，默认值 0；

　　参数 9：int borderType 为边界模式，默认值为 BORDER_DEFAULT。

Scharr 函数

　　函数原型：void Scharr(InputArray src, OutputArray dst, int ddepth, int dx, int dy, double scale=1, double delta = 0, int borderType = BORDER_ DEFAULT)

　　该函数除了没有 ksize 核的大小，其他参数变量与 Sobel 基本上是一样的。

Laplacian 函数

　　函数原型 void Laplacian(InputArray src，OutputArray dst，int ddepth，int ksize=1，double scale=1，double delta=0，int borderType=BORDER_DEFAULT)

　　该函数在计算一幅图像的拉普拉斯值时，除了参数 ksize 之外，所有的参数都等同于函数 Sobel 和 Scharr 中的参数。x 方向和 y 方向上的二阶导数之和为该幅图像的拉普拉斯变换结果。

图 1-16　OpenCV 的锐化常用函数

4．膨胀、腐蚀函数

OpenCV 的膨胀、腐蚀函数可参见图 1-17。

dilate 函数

　　函数原型 void dilate(InputArray src, OutputArray dst, InputArray kernel, Point anchor = Point(−1−1), int iterations=1, int borderType = BORDER_CONSTANT, const Scalar& borderValue = morphology-DefaultBorderValue)

　　参数 1：InputArray src 为输入图像 src，填 Mat 类的对象，但需要注意，待处理的图片深度应该为 CV_8U、CV_16U、CV_16S、CV_32F 或 CV_64F 之一；

　　参数 2：OutputArray dst 为输出图像 dst，需要与源图片有一样的尺寸和类型；

　　参数 3：InputArray kernel 为膨胀操作的核，若为 NULL 则表示使用参考点位于中心 3 × 3 的核。一般使用函数 getStructuringElement 配合这个参数的使用，该函数会返回指定形状和尺寸的结构元素(内核矩阵)。选择如下三种形状之一：矩形 MORPH_RECT、交叉形：MORPH_CROSS、椭圆形 MORPH_ELLIPSE；

　　参数 4：Point anchor 表示被平滑的点 anchor，Point(−1,−1)表示这个点在核的中心；

　　参数 5：int iterations 为迭代使用 erode()函数的次数，默认值为 1；

　　参数 6：int borderType 表示边界类型(如果使用的边界类型为 BORDER_ CONSTANT，那么 borderValue 表示一个常量)；

参数 7: Scalar& borderValueo 是当边界为常数时的边界值，默认值为 morphologyDefaultBorderValue。

erode 函数

　　函数原型 void erode(InputArray src, OutputArray dst, InputArray kernel, Point anchor = Point(−1, −1), int iterations=1, intborderType = BORDER_CONSTANT, const Scalar& borderValue = morphology Default BorderValue)

　　该函数使用一个特定的结构元素腐蚀一幅图像，其参数与 dilate( )函数的参数一样。

图 1-17　OpenCV 的膨胀、腐蚀函数

5. 视频文件函数

OpenCV 的视频文件函数可参见图 1-18。

boolVideoWriter::isOpened()函数

　　如果写入视频的对象被成功初始化，函数返回 true。如果 isOpened()返回 false，一般可执行以下几种操作：① 查看视频路径是否存在问题；② 查看视频文件是否可以正常打开，视频是否出现损坏情况；③ 处理视频时会依赖 opencv_ffmpeg2413.dll，所以将 opencv_ffmpeg2413.dll 拷贝到项目执行文件目录下。

VideoCapture& VideoCapture::operator>>(Mat& image)函数

　　抓取、解码并返回下一帧。

VideoWriter& VideoWriter:: operator<<(const Mat& image)函数

　　写入下一帧。

void VideoCapture::release()函数

　　释放视频文件或采集设备。

图 1-18　OpenCV 的视频文件函数

1.6　程序在编译、链接、运行中常见错误的处理

　　程序在 Visual Studio 2010 开发平台上进行编译、链接、运行的过程中经常会出现各种错误，需要找出这些错误发生的原因，并将其消除。

1. 常见编译错误

　　拼写错误和找不到头文件错误是经常碰到的编译错误。通常，在处理这些错误时，采取逐条分析出错信息并返回原程序修改的方法。之所以采用这种逐条处理出错信息的方法，是因为后面的出错信息有可能是前面的错误引起的。

1) 找不到头文件错误

　　头文件找不到一般有两个原因：其一是头文件的文件名拼写错误；其二是未将头文件所在路径添加到开发环境中。下例中的错误是文件名拼写错误，opencv2/opencv.hpp 被错误地拼写为 opencv2/opencv.hppp，系统提示如下：

　　　　hello.cpp(2): fatal error C1083: Cannot open includefile:'opencv2/opencv.hppp': No such file or directory

　　如果文件名拼写正确，编译器还是找不到头文件，则需要将头文件所在路径添加到相

应的环境变量中。具体做法是：在 Visual Studio 2010 下单击"视图→属性页"菜单，弹出对话框如图 1-19 所示，点击"VC++ 目录→包含目录"，在右边的下拉框中输入头文件路径即可。

图 1-19　头文件所在路径设置

2) 拼写错误

如果源代码不符合语法规则，则会造成编译错误。编译错误往往是由于编写代码不仔细造成的，比如拼写错误、漏了半个括号、漏了分号等。因此一旦遇到编译错误，需要按照错误提示，定位到出错的位置，仔细检查语法是否符合规范。

如图 1-20 所示的代码将 imread 函数错误地拼成 imreadd，编译器会提示错误。仔细检查系统提示"hello.cpp(9): error C3861: "imreadd": 找不到标识符"中的"imreadd"语句，会发现此语句拼写有误。

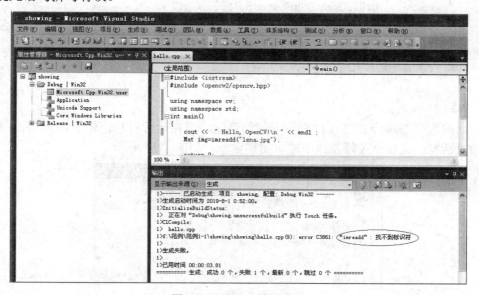

图 1-20　imread 拼写错误

2. 链接错误

编译完所有源代码之后，下一步是链接目标文件，以形成可执行文件。链接过程中最常见的错误提示如下：

> hello.obj : error LNK2019: unresolved external symbol "classcv::Mat __cdecl cv::imread(class std::basic_string<char, structstd::char_traits<char>, classstd::
>
> allocator<char>>const&,int)"(?imread@cv@@YA?AVMat@1@ABV?$basic_string@DU?
>
> $char_traits@D@std@@ V?$allocator@D@2@@std@@H@Z) referenced in function _main

这个错误信息中的"unresolved external symbol"描述了错误的原因，更具体的意思是：在 main 函数中使用了 imread 函数，但是无法从外部找到 imread 函数，imread 函数是 OpenCV 的函数，而不是用户自己定义的函数，opencv.hpp 头文件告诉编译器有个 imread 函数可以用，通过了编译，但是在链接时，链接器却找不到 imread 的具体实现方法，故出错。

要解决这一问题，需要添加依赖的库文件，添加方法参见图 1-13。

3. 运行错误

经过编译和链接生成可执行文件之后，在运行这个可执行文件时所产生的错误称之为运行错误。

比较常见的运行错误是内存错误，示例的 color.cpp 程序代码如下：

```
1   #include <opencv2/opencv.hpp>
2   #include <iostream>
3   using namespace std;
4   using namespace cv;
5   int main()
6   {
7       cout<<   " Hello, OpenCV!\n " <<endl;
8       Mat img = imread("lena.jpg");
9       Mat gray;
10      cvtColor(img, gray, CV_BGR2GRAY);
11      return 0;
12  }
```

上面的程序在编译和链接过程中无任何问题，但在运行时却出错了，弹出如图 1-21 所示的对话框，并在命令行窗口中输出错误信息，如图 1-22 所示。

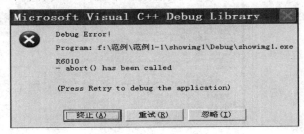

图 1-21　运行错误对话框

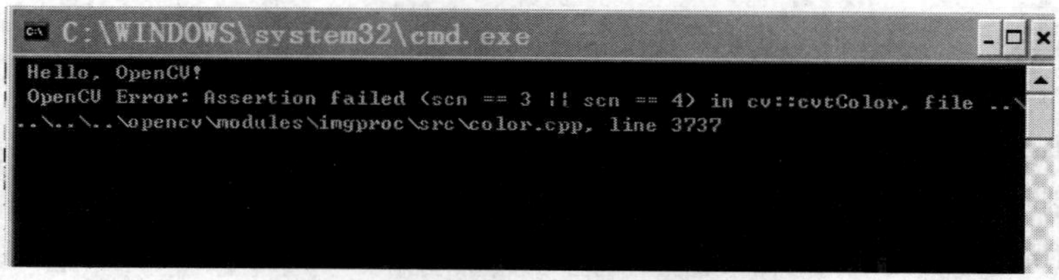

图 1-22　运行错误的出错信息

错误信息中提示 color.cpp 文件的第 3737 行有错，错误原因是条件(scn==3||scn==4)不成立。程序源代码的本意是将 3 通道的 BGR 图像 img 转为单通道的图像 gray，但 img 既不是 3 通道，也不是 4 通道。根据 imread 函数的文档，将图像作为彩色图像读入，条件 (scn==3||scn==4)肯定成立。

出错的原因是当前目录下无 lena.jpg 文件。当程序执行 imread 语句时无法读取给定的文件，造成 cvtColor 函数中的 img 参数为 NULL，导致程序运行出错。因此在读入图像时，需要检查图像读入是否成功，以免造成运行错误。对于上述运行错误，在源程序的第 8 行后插入如下程序代码即可解决：

```
if (img.empty())
    {
            cout<< "当前目录下找不到 lena.jpg 文件" <<endl;
             waitKey(0);
            return -1;
    }
```

在程序编写中，对于数组和指针等要特别小心。因为对于空指针以及数组越界等问题，编译器无法在编译时给出错误提示。这类错误在运行时一旦发生，排除起来就非常困难。

1.7　实　验　内　容

利用 OpenCV 的 imread( )函数读取图像文件"lena.jpg"，并通过 imshow( )函数在显示窗口显示此图像文件。

程序如下：

```
//将图像文件 lena.jpg 通过 imread( )函数读入图像矩阵变量 ImageIn 中，由 imshow()函数输出图
像矩阵变量 ImageIn 所载入的图像
#include<iostream>
#include "highgui.h"
#include <imgproc\imgproc_c.h>
//使用命名空间 cv
using namespace cv;
using namespace std;
int main( intargc, char** argv )
{
```

```
//定义一个图像变量，将图像文件 lena.jpg 载入图像矩阵变量 ImageIn
Mat ImageIn;
ImageIn = imread("lena.jpg");
//判断图像是否装载成功，注意图像 lena.jpg 文件应该放在 .cpp 文件所在目录
if (ImageIn.empty())
{
    cout<< "当前目录下找不到 lena.jpg 文件" <<endl;
    //暂停，等待用户按键
    waitKey(0);
    return -1;
}
//创建一个名为 girl 的窗口并在窗口中显示 lena.jpg 图像
namedWindow("girl", CV_WINDOW_AUTOSIZE);
imshow("girl", ImageIn);
waitKey(0);
//销毁名为 girl 的窗口
destroyWindow("girl");
return 0;
}
```

程序执行结果如图 1-23 所示。

图 1-23　显示图像文件 lena.jpg

1.8　实验报告要求

实验报告中应包含以下内容：
(1) 配置 OpenCV 环境的步骤和要求。
(2) 编写一个简单的图像处理程序。
(3) 给出程序的流程图。
(4) 各段程序的基本功能。
(5) 程序清单(手写或打印后粘贴)。
(6) 程序的运行和测试结果(截图)。
(7) 实验中遇到的问题和心得体会。

第 2 章 图 像 增 强

2.1 实 验 目 的

- 熟悉图像空间域增强方法,掌握增强模板的使用方法。
- 掌握均值滤波器、中值滤波器的理论基础和实现方法。
- 掌握图像锐化的基本理论和实现方法。
- 会验证图像滤波的处理结果。
- 熟悉图像空间域和频率域的关系,掌握快速傅里叶变换。

2.2 相关基础知识

随着工业相机设备和技术的发展,各种型号的工业相机层出不穷。虽然相机的分辨率、曝光时间等性能都有了极大改善,但由于工业环境复杂,得到的目标图像常常并不是非常理想。利用图像增强技术对图像进行进一步处理,可以得到更好的特征和视觉效果。

图像增强是数字图像处理的基本内容之一,增强图像就是增强图像中的有用信息,其目的是要改善图像的视觉效果或满足某种特定的需求。针对给定的图像应用场合,有目的地强调图像的整体或局部特性,将原来不清晰的图像变得清晰或强调某些感兴趣的特征,扩大图像中不同物体特征之间的差别,抑制不感兴趣的特征,改善图像质量、丰富信息量,加强图像判读和识别效果,满足某些特殊分析的需要。

图像增强技术根据增强处理过程所在的空间不同,可分为空域增强和频域增强两大类。

2.2.1 空域增强原理

空间域是指由像素组成的空间,即图像域,简称空域。空域增强方法是指直接作用于像素,改变其特性的增强方法。增强操作可定义在每个像素位置(x, y)上,此时称为点操作;增强操作还可定义在每个(x, y)的某个邻域上,此时称为模板操作或邻域操作。

点操作可通过逐一将原始图像在(x, y)的灰度f映射到新灰度g来实现,也可通过对一系列原始图像进行运算(如灰度级校正、灰度变换和直方图修正等)来实现。模板操作通过设计模板及模板系数来实现不同的增强操作,可分为图像平滑和锐化两种。平滑一般用于消除图像噪声,但是也容易引起边缘的模糊,常用的平滑算法有邻域平均、中值滤波等。锐化的目的在于突出物体的边缘轮廓,便于目标识别,常用的锐化算法有梯度法、拉普拉斯算子、高通滤波等。

2.2.2 频域增强原理

图像增强除可在空域进行外，也可以在变换域进行。最常用的变换域就是频域(频率域)。图像常会受到有规律重复出现的周期噪声的影响。这种噪声因图像在采集时受到电干扰而产生，且随空间位置而变化，有特定的频率，所以通常可采用频域滤波的方法，将噪声对应的频率滤除以消除噪声。

卷积理论是频域技术的基础。设函数 $f(x, y)$ 与线性位不变算子 $h(x, y)$ 的卷积结果是 $g(x, y)$，即 $g(x, y) = h(x, y)*f(x, y)$，那么根据卷积定理，在频域有 $G(u, v) = H(u, v)F(u, v)$，其中 $G(u, v)$、$H(u, v)$、$F(u, v)$ 分别是 $g(x, y)$、$h(x, y)$、$f(x, y)$ 的傅里叶变换，$H(u, v)$ 称为转移函数。

在图像增强的应用中，$f(x, y)$ 是给定的，$F(u, v)$ 可以通过变换得到，需要确定的是 $H(u, v)$，这样就得到了所需特性的 $g(x, y)$，即 $g(x, y) = F^{-1}[H(u, v)F(u, v)]$。

频域增强的主要步骤如下：

(1) 计算需增强图像的傅里叶变换。

(2) 将其与一个(根据需要设计的)转移函数相乘。

(3) 将结果进行傅里叶反变换即得到增强的图像。

频域增强是通过改变图像中不同频率分量来实现的。图像频谱给出图像全局的性质，所以频域增强不是对逐个像素进行的。用频率分量来分析增强的原理比较直观，事实上，许多空域增强技术也常利用频谱进行分析。频率图像增强需要构建各种频率滤波器，它们的基本原理就是让图像在某个频域范围内的分量受到抑制而让其他分量不受影响，从而输出图像的频率分布，达到增强的目的。

频域增强通过低通滤波器和高通滤波器来实现。低通滤波器将图像中的高频部分滤除而让图像中的低频部分通过。图像中的边缘和噪声都对应图像傅里叶变换频谱里的高频部分，所以如要在频域中削弱其影响就要设法减弱这部分频率的分量。高通滤波器与之相反，是将图像中的低频部分滤除而让图像中的高频部分通过。图像边缘对应高频分量，故锐化图像可用高通滤波器。

2.2.3 图像增强的典型方法

1. 邻域平均

大部分噪声是由敏感元件、传输通道、量化器等引起，常常表现为一些孤立的像素点。这些像素点的灰度值与相邻像素点相比有明显的不同。图像灰度是连续变化的，一般不会突然变大或变小。基于这一分析，可以采用邻域平均的方法来判断是否含有噪声并消除所发现的噪声。

图像的邻域平均就是对原始图像的每一个像素点(一般以此像素点为中心)取一个邻域，其邻域内的像素点集合以 S 表示，计算 S 中所有像素(包括中心像素点)的灰度值之和，然后求平均值作为中心像素新的灰度值，其数学描述为

$$g(x,y) = \frac{1}{L} \sum_{(i,j) \in S} f(i,j) \tag{2-1}$$

式(2-1)中，$f(i,j)$ 为邻域内每一个像素点的灰度值，L 为参与运算的像素的个数，包括中心点在内，$g(x,y)$ 为中心像素新的灰度值。这种平滑是通过一点和周围几个点的平均来去除突然变化的点，从而滤掉一定的噪声，其代价是图像有一定程度的模糊。邻域平均用一个像素邻域平均值作为滤波结果，此时滤波器模板的所有系数都取为 1，是最简单的平滑滤波。

邻域平均是一种线性的图像处理方法，采用模板法来实现对图像的平滑，模板可看作是一幅 $n \times n$(n 一般为奇数，有个中心像素)的小图像。例如采用 3×3 模板，首先定义一幅图像的一部分，如图 2-1(a)所示，s_i 为灰度值；其次设 3×3 的模板如图 2-1(b)所示，k_i 为模板系数，则图像增强方法是计算点(x,y)的像素灰度值 G，有 $G = \frac{1}{9} \sum_{i=0}^{8} k_i s_i$，如图 2-1(c)所示；最后对图像中的每个像素都进行上述计算就可得到增强图像所有位置的新灰度值，从而达到图像的增强。

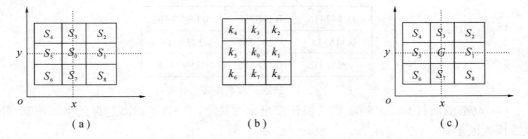

（a）　　　　　　　　　　（b）　　　　　　　　　　（c）

图 2-1　用 3×3 的模板进行邻域平均的示意图

2. 高斯平滑(滤波)

图像常常被强度随机的信号(也称为噪声)所污染，常见的噪声有椒盐噪声、脉冲噪声、高斯噪声等，其中高斯噪声含有强度服从高斯或正态分布的噪声。高斯滤波是一种线性平滑滤波，适用于消除高斯噪声，广泛应用于图像处理的减噪过程。高斯滤波去噪就是对整幅图像的像素值进行加权平均，每一个像素点的值都由其本身的值和邻域内的其他像素的值经过加权平均后得到。

高斯滤波的具体操作如下：

(1) 用指定的模板(或称卷积、掩膜)去扫描图像中的每一个像素，用模板确定的邻域内像素的加权平均灰度值去替代模板中心像素点的值。

(2) 高斯模板上的权值是由高斯分布函数确定的，二维高斯函数的定义如下：

$$G(x,y) = \frac{1}{2\pi\sigma^2} \exp\left(-\frac{x^2+y^2}{2\sigma^2}\right) \tag{2-2}$$

其中，x，y 为模板坐标点，σ 为参数。

(3) 计算权重矩阵模板。假定中心点的坐标是(0，0)，那么距离它最近的 8 个点的坐标参见图 2-2。

(−1，1)	(0，1)	(1，1)
(−1，0)	(0，0)	(1，0)
(−1，−1)	(0，−1)	(1，−1)

图 2-2 坐标(0，0)及邻域 8 个坐标点

假定 $\sigma = 1.5$，代入式(2-2)高斯分布函数中，则模糊半径为 1 的权重矩阵参见图 2-3。

0.0453542	0.0566406	0.0453542
0.0566406	0.0707355	0.0566406
0.0453542	0.0566406	0.0453542

图 2-3 $\sigma = 1.5$ 时高斯分布函数权重矩阵

这 9 个点的权重总和等于 0.4787147，如果只计算这 9 个点的加权平均，还必须让它们的权重之和等于 1，因此上面 9 个值还要分别除以 0.4787147，得到最终的权重矩阵参见图 2-4。

0.0947416	0.118318	0.0947416
0.118318	0.147761	0.118318
0.0947416	0.118318	0.0947416

图 2-4 最终的权重矩阵

(4) 高斯滤波计算。高斯函数模板计算出来的是小数，为了提高运算效率，将其写成整数模板的形式。

如图 2-5 所示，是常用的 3 × 3 模板，与图像灰度对应矩阵值相乘，将相乘的结果相加，就是中心点的高斯滤波的值。对所有点重复这个过程，就得到了高斯滤波后的图像。

$$\frac{1}{16} \times \begin{bmatrix} 1 & 2 & 1 \\ 2 & 4 & 2 \\ 1 & 2 & 1 \end{bmatrix}$$

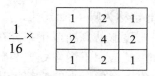

图 2-5 3 × 3 高斯滤波模板

3. 中值滤波

线性平滑滤波器在消除图像中噪声的同时也会模糊图像中的细节。非线性平滑滤波器可以在消除图像中噪声的同时较好地保持图像中的细节。常用的非线性平滑滤波器是中值滤波器。

中值滤波是一种非线性滤波方式，基于排序统计理论对非线性信号进行处理以达到有效抑制噪声的目的。其基本原理是把数字图像或数字序列中某一点的值用该点邻域中各点灰度值的中间的一个值代替，从而消除孤立点。中值滤波的滤波依靠模板来实现，通常采用二维模板，将模板内的像素按照像素值的大小进行排序，生成单调上升(或下降)的数据序列。对于奇数个像素，中值是指按大小排序后中间的数值；对于偶数个像素，中值是指排序后中间两个像素灰度值的平均值。

二维中值滤波的输出可写为

$$g(x, y) = \underset{(s,t) \in N(x,y)}{\text{median}} \left[f(s,t) \right] \tag{2-3}$$

其中 N 为模板，(x, y) 为模板像素点，(s, t) 为模板像素点排序中间的像素点。

对一个所用模板尺寸为 $n \times n$ 的中值滤波器，其输出值应大于等于模板中$(n^2-1)/2$ 个像素的值，又小于等于模板中$(n^2+1)/2$ 个像素的值。如果中值滤波器使用 5×5 的模板，则中值是数据序列中第 13 个像素点对应的像素值。

中值滤波的具体操作步骤如下：

(1) 将模板在图中移动，使得模板中心与图中某个像素位置重合。

(2) 读取模板下对应像素的灰度值。

(3) 将这些灰度值从小到大排成一列。

(4) 找出这些灰度值里排在中间的一个。

(5) 将这个中间值赋给模板中心位置的像素。

从以上步骤可看出，中值滤波器是让周围灰度差比较大的像素改为与周围像素值接近的值，故对孤立的噪声像素消除能力很强。由于它不是简单的取均值，所以产生的模糊比较少。

4. 图像锐化

图像平滑使得图像的边界、轮廓变得模糊，为了减少这类不利效果的影响，需要利用图像的锐化技术，使得图像的边缘、轮廓线以及图像的细节变得清晰。图像锐化处理的目的是使模糊的图像变得更加清晰。图像平滑中的平均或积分运算造成图像模糊，因此可以对其进行逆运算(如微分运算等)以使图像清晰，具有这种性质的锐化算子有梯度算子、拉普拉斯算子及其他一些相关运算。

1) 梯度算子

图像锐化中最常用的方法是梯度法(基于一阶微分)。对一个连续函数 $f(x, y)$，其梯度是一个矢量，由分别沿 x 方向和 y 方向的两个偏导分量组成。可定义 $f(x, y)$ 在点 (x, y) 处的梯度矢量 $\boldsymbol{G}\left[f(x, y) \right]$ 为

$$\boldsymbol{G}\left[f(x,y) \right] = \begin{bmatrix} \dfrac{\partial f}{\partial x} \\ \dfrac{\partial f}{\partial y} \end{bmatrix} = \left[G_x G_y \right]^{\text{T}} = \left[\dfrac{\partial f}{\partial x} \dfrac{\partial f}{\partial y} \right]^{\text{T}} \tag{2-4}$$

梯度的幅度(模值) $|\boldsymbol{G}[f(x, y)]|$ 为

$$\left| \boldsymbol{G}\left[f(x,y) \right] \right| = \sqrt{G_x^2 + G_y^2} = \sqrt{\left(\dfrac{\partial f}{\partial x} \right)^2 + \left(\dfrac{\partial f}{\partial y} \right)^2} \tag{2-5}$$

计算梯度方向为

$$\theta = \arctan\left(\dfrac{G_y}{G_x} \right) \tag{2-6}$$

由上述式子可得出这样的结论，梯度幅度 $|\boldsymbol{G}[f(x, y)]|$ 是 $f(x, y)$ 沿矢量 $\boldsymbol{G}[f(x, y)]$ 方向上的最大变化率。梯度幅度是一个标量，具有非线性且为正值，可将梯度幅度简称梯度。

对于数字图像处理，典型梯度算法把微分 $\partial f / \partial y$ 和 $\partial f / \partial x$ 近似地用差分 $\Delta_x f(i, j)$ 和 $\Delta_y f(i, j)$ 来代替，沿 x 和 y 方向的一阶差分可写成

$$\begin{cases} \boldsymbol{G}_x = \Delta_x f(i, j) = f(i+1, j) - f(i, j) \\ \boldsymbol{G}_y = \Delta_y f(i, j) = f(i, j+1) - f(i, j) \end{cases} \tag{2-7}$$

由此得到典型梯度算法为

$$\left|\boldsymbol{G}[f(x, y)]\right| \approx |G_x| + |G_y| = |f(i+1, j) - f(i, j)| + |f(i, j+1) - f(i, j)| \tag{2-8}$$

或为

$$\left|\boldsymbol{G}[f(x, y)]\right| \approx \sqrt{[f(i+1, j) - f(i, j)]^2 + [f(i, j+1) - f(i, j)]^2} \tag{2-9}$$

式(2-8)的示意图如图 2-6 所示。

$f(i,j)$	$f(i,j+1)$
$f(i+1,j)$	

图 2-6　计算 $|\boldsymbol{G}[f(x, y)]|$ 的示意图

从式(2-8)可以看出，梯度值与相邻像素之间的灰度差值成正比。在图像的轮廓上，像素的灰度有陡然变化，梯度值很大；而那些灰度变化比较平缓的区域，梯度值也相应的比较小，对于那些灰度值相同的区域，梯度值将减为零。由此可见，图像经过梯度运算后留下边沿处的点(灰度值急剧变化)，其细节变得清晰从而达到锐化的目的。

2) 拉普拉斯算子

拉普拉斯算子适用于改善光线漫反射造成的图像模糊，是常用的边缘增强处理算子，它采用各向同性的二阶导数。一个连续的二元函数 $f(x, y)$ 在 (x, y) 处的拉普拉斯运算定义为

$$\nabla^2 f(x, y) = \frac{\partial^2 f}{\partial x^2} + \frac{\partial^2 f}{\partial y^2} \tag{2-10}$$

式(2-9)中，$\nabla^2 f(x, y)$ 称为拉普拉斯算子。参照梯度的差分算法，图像 $f(i, j)$ 的二阶偏导为式(2-11)和式(2-12)。

$$\frac{\partial^2 f(i, j)}{\partial x^2} = \Delta_x f(i+1, j) - \Delta_x f(i, j) \tag{2-11}$$

$$\frac{\partial^2 f(i, j)}{\partial y^2} = \Delta_y f(i, j+1) - \Delta_y f(i, j) \tag{2-12}$$

根据式(2-10)整理可得

$$g(i,j) = \nabla^2 f(i,j) = \frac{\partial^2 f(i,j)}{\partial x^2} + \frac{\partial^2 f(i,j)}{\partial y^2}$$

$$= f(i+1,j) + f(i-1,j) + f(i,j+1) + f(i,j-1) - 4f(i,j) \tag{2-13}$$

式(2-13)也可由 4 邻域 H_1 和 8 邻域 H_2 拉普拉斯算子模板来表示，如式(2-14)所示。

$$H_1 = \begin{bmatrix} 0 & 1 & 0 \\ 1 & -4 & 1 \\ 0 & 1 & 0 \end{bmatrix}, \quad H_2 = \begin{bmatrix} 1 & 1 & 1 \\ 1 & -8 & 1 \\ 1 & 1 & 1 \end{bmatrix} \tag{2-14}$$

空域锐化滤波用卷积形式表示为

$$g(i,j) = \nabla^2 f(i,j) = \sum_{r=-k}^{k} \sum_{s=-1}^{1} f(i-r,j-s) H(r,s) \tag{2-15}$$

式(2-15)中，$H(r,s)$ 除了式(2-14)的拉普拉斯算子模板外，可适当地选择滤波因子组成不同性能的高通滤波器，从而使边缘锐化突出细节。

几种常用的归一化高通滤波模板如下：

$$H_1 = \begin{bmatrix} 0 & -1 & 0 \\ -1 & 5 & -1 \\ 0 & -1 & 0 \end{bmatrix}, \quad H_2 = \begin{bmatrix} -1 & -1 & -1 \\ -1 & 9 & -1 \\ -1 & -1 & -1 \end{bmatrix}, \quad H_3 = \begin{bmatrix} 1 & -2 & 1 \\ -2 & 5 & -2 \\ 1 & -2 & 1 \end{bmatrix} \tag{2-16}$$

2.3 实 验 内 容

1. 均值滤波

选择一幅图像 lean.jpg，利用邻域平均法，采用 3×3 模板，通过线性滤波器完成对图像的平滑处理，并显示原图像和处理后的图像。

程序如下：

```
//选择一幅图像 lean.jpg，利用均值滤波法，采用 3×3 模板对加噪声图像进行去噪处理，
//显示原图像、加噪图像和处理后的图像。
//添加椒盐噪声
void SaltNoise(Mat& image, int n)
{
    for(int k=0; k<n; k++)
    {   //随机产生图像的行和列
        int i = rand()%image.cols;
        int j = rand()%image.rows;
        if(image.channels() == 1)
        {
            //对灰度图像加入噪声
```

```
                image.at<uchar>(j, i) = 255;
            }
            else
            {
                //对三通道彩色图像加入噪声
                image.at<Vec3b>(j, i)[0] = 255;
                image.at<Vec3b>(j, i)[1] = 255;
                image.at<Vec3b>(j, i)[2] = 255;
            }
        }
}
//主程序
#include "user.h"
#include <imgproc\imgproc.hpp>
#include <highgui.h>
#include <iostream>
//使用命名空间
using namespace cv;
using namespace std;
int main()
{
    //定义图像变量
    Mat ImageIn;
    Mat ImageOut;
    //读取图像
    ImageIn = imread("lena.jpg",1);

    //判断图像文件 lena.jpg 是否存在
    if (ImageIn.empty())
    {
        cout    <<"当前目录下找不到 lena.jpg 文件"<<endl ;
        //暂停，等待用户按键
        waitKey(0);
        return -1;
    }
    //显示原图
    imshow("原图-均值滤波处理",ImageIn);
    //加入椒盐噪声
    SaltNoise(ImageIn, 100);
```

```
//显示加入椒盐噪声后的图
imshow("加噪图-均值滤波处理", ImageIn);
waitKey(0);

//均值滤波处理
blur(ImageIn, ImageOut, Size(3, 3), Point(-1, -1));

//显示均值滤波处理后的图
imshow("输出-均值滤波处理", ImageOut);
waitKey(0);
destroyWindow("原图-均值滤波处理");
destroyWindow("加噪图-均值滤波处理");
destroyWindow("输出-均值滤波处理");
return 0;
}
```

程序运行结果如图 2-7、图 2-8、图 2-9 所示。

图 2-7　均值滤波原图　　　　　图 2-8　均值滤波加噪图　　　　　图 2-9　均值滤波结果图

2. 高斯滤波

选择一幅图像 lean.jpg，利用高斯滤波算法对原图像进行平滑处理，显示原图像和处理后的图像。

程序如下：

```
//选择一幅图像 lean.jpg，利用高斯滤波算法，采用 3×3 模板对图像进行去噪处理，
//显示原图像和处理后的图像。
#include <highgui.h>
#include <imgproc\imgproc.hpp>
#include <iostream>
using namespace std;
//使用命名空间
using namespace cv;
using namespace std;
```

```
int main()
{
    //定义图像变量
    Mat image;
    image = imread("lena.jpg", 1);
        //判断图像文件 lena.jpg 是否存在
    if (image.empty())
    {
        cout    <<"当前目录下找不到 lena.jpg 文件"<<endl ;
        //暂停，等待用户按键
        waitKey(0);
        return -1;
    }
    //显示原图
    imshow("输入−高斯平滑", image);
    waitKey(0);
    //定义输出的图像变量
    Mat ImageOut;

    //利用高斯滤波算法对原图像进行平滑处理
    GaussianBlur(image,ImageOut, Size(3, 3), 0, 0);
    //显示处理后的的图像
    imshow("输出−高斯平滑", ImageOut);
    waitKey(0);
    //销毁窗口
    destroyWindow("输入");
    destroyWindow("输出");
}
```

程序运行结果如图 2-10、图 2-11 所示。

图 2-10　高斯滤波原图

图 2-11　高斯滤波结果图

3. 中值滤波

选择一幅图像 lean.jpg，利用中值滤波算法对加噪图像进行去噪处理，显示原图像、加噪图像和处理后的图像。

程序如下：

```
//选择图像 lean.jpg，利用椒盐函数 SaltNoise()对图像加入噪音，最后利用中值滤波算法，
//采用 3×3 的模板对图像进行去噪处理，显示原图像、加噪图像和处理后的图像
#include "user.h"
#include <imgproc\imgproc.hpp>
#include <highgui\highgui.hpp>
#include <iostream>
//使用命名空间
using namespace cv;
using namespace std;
int main()
{
    //定义 Mat 型图像变量
    Mat image;
    //读入图像
    image = imread("lena.jpg", 1);
    //判断图像文件 lena.jpg 是否存在
    if (image.empty())
    {
        cout    <<"当前目录下找不到 lena.jpg 文件"<<endl ;
        //暂停，等待用户按键
        waitKey(0);
        return -1;
    }
    //输出原图
    imshow("原图-中值滤波处理", image);
    //等待用户按键
    waitKey(0);
    //给原图像加入椒盐噪声
    SaltNoise(image, 100);
    //输出加噪原图
    imshow("加噪图-中值滤波处理", image);
    //等待用户按键
    waitKey(0);
    //定义 Mat 型图像变量
    Mat ImageOut;
```

```
//中值滤波处理
medianBlur(image, ImageOut, 3);
//输出中值滤波处理后的图
imshow("结果-中值滤波处理"，ImageOut);
waitKey(0);
//销毁窗口
destroyWindow("原图-中值滤波处理");
destroyWindow("加噪图-中值滤波处理");
destroyWindow("结果-中值滤波处理");
return 0;
}
```

程序运行结果如图 2-12、图 2-13、图 2-14 所示。

图 2-12　中值滤波原图　　　　　图 2-13　中值滤波加噪图　　　　图 2-14　中值滤波结果图

4. 梯度锐化

选择一幅图像 lean.jpg，利用梯度锐化对图像进行锐化处理，显示处理前、后的图像。
源程序如下：

```
//选择图像 lean.jpg,读取图像像素点矩阵，利用式(2-8)所示的典型梯度算法对读取的图像
//像素点进行梯度锐化处理，显示经过锐化处理前、后的图像
#include <iostream>
#include "cv.h"
#include <opencv2\core\core_c.h>
#include <opencv2\highgui\highgui.hpp>
//使用命名空间
using namespace cv;
using namespace std;
int main()
{   //定义一个二维坐标点
    CvPoint center;
```

```cpp
        double scale=-3;
        int i, j;
        //定义图像变量
        Mat image;
        //读入图像
        image =imread("lena.jpg", 1);
        //判断要读入的图像是否存在
        if (image.empty())
        {
                cout    <<"当前目录下找不到 lena.jpg 文件"<< endl;
                //暂停，等待用户按键
                waitKey(0);
                return -1;
        }
        //输出原图
        imshow("原图-梯度锐化", image);
        //等待用户按键
        waitKey(0);

        //构造二维坐标点
        center=cvPoint(image.rows/2,image.cols/2);

        //梯度锐化处理
        for (i=0; i<image.rows;i++)
            for (j=0; j<image.cols;j++)
            {
                    double dx=(double)(j-center.x)/center.x;
                    double dy=(double)(i-center.y)/center.y;
                    double weight=exp((dx*dx+dy*dy)*scale);
                image.at<Vec3b>(i, j)[0]=cvRound(image.at<Vec3b>(i, j)[0]*weight);
                image.at<Vec3b>(i, j)[1]=cvRound(image.at<Vec3b>(i, j)[1]*weight);
                image.at<Vec3b>(i, j)[2]=cvRound(image.at<Vec3b>(i, j)[2]*weight);
            }

            //显示梯度锐化结果
            imshow("结果-梯度锐化",image);
        waitKey(0);
        return 0;
}
```

程序运行结果如图 2-15、图 2-16 所示。

图 2-15　梯度锐化原图

图 2-16　梯度锐化结果图

5. 拉普拉斯锐化

选择一幅图像 lean.jpg，利用拉普拉斯算子对图像进行锐化处理，显示处理前、后的图像。

源程序如下：

```cpp
//选择图像 lean.jpg，读取图像像素点矩阵，利用式(2-13)所示的拉普拉斯算子对图像像素
//点进行锐化处理，显示处理前、后的图像
#include "highgui.h"
#include "opencv2\core\core_c.h"
#include <iostream>
//使用命名空间
using namespace cv;
using namespace std;
//拉普拉斯锐化函数
void Sharpen(const Mat& myImage, Mat& Result)
{
    CV_Assert(myImage.depth() == CV_8U);
    Result.create(myImage.size(), myImage.type());
    const int nChannels = myImage.channels();

    for(int j = 1; j < myImage.rows-1; ++j)
    {
        const uchar* previous = myImage.ptr<uchar>(j-1);
        const uchar* current = myImage.ptr<uchar>(j);
        const uchar* next = myImage.ptr<uchar>(j+1);
        uchar* output = Result.ptr<uchar>(j);
```

```
        for(int i = nChannels; i < nChannels * (myImage.cols-1); ++i)
        {
            *output++=saturate_cast<uchar>(5*current[i]-current[i-nChannels]
                                    -current[i+nChannels]- previous[i]-next[i]);
        }
    }
    Result.row(0).setTo(Scalar(0));
    Result.row(Result.rows-1).setTo(Scalar(0));
    Result.col(0).setTo(Scalar(0));
    Result.col(Result.cols-1).setTo(Scalar(0));
}
//主程序
int main()
{    //读入图像
    Mat ImageIn = imread("lena.jpg",1);
    Mat ImageOut;
    //判断要读入的图像是否存在
    if (image.empty())
    {
        cout    <<"当前目录下找不到 lena.jpg 文件"<< endl;
        //暂停，等待用户按键
        waitKey(0);
        return -1;
    }

    //显示原图像
    imshow("原图像-拉普拉斯锐化前",ImageIn);
    waitKey(0);

    //拉普拉斯锐化
    Sharpen(ImageIn,ImageOut);
    imshow("输出图像-拉普拉斯锐化", ImageOut);
    waitKey(0);
    destroyWindow("原图像-拉普拉斯锐化前");
    destroyWindow("输出图像-拉普拉斯锐化");
    return 0;
}
```

程序运行结果如图 2-17、图 2-18 所示。

图 2-17　拉普拉斯锐化前原图

图 2-18　拉普拉斯锐化后结果图

2.4　实验报告要求

实验报告中应包含以下内容:
(1) 程序的流程图。
(2) 各段程序的基本功能。
(3) 程序组成及各函数/模块的基本功能。
(4) 程序清单(手写或打印后粘贴)。
(5) 程序的运行和测试结果(截图)。
(6) 实验中的问题和心得体会。

思　考　题

1. 采用均值滤波、中值滤波对椒盐噪声进行抑制,哪种比较有效?
2. 模板大小的不同,所处理效果有何不同?为什么?

第 3 章 图像还原

3.1 实验目的

· 了解图像退化的基本原理。
· 掌握滤波器去除图像噪声的基本方法。
· 掌握仿射变换去除图像几何变形的基本方法。
· 掌握一种去除运动模糊的基本方法。
· 掌握一种交互式的图像还原方法。

3.2 相关基础知识

图像还原是一种对退化(或品质下降)了的图像去除退化因素，并重建或恢复退化图像的技术，也称为图像恢复。图像还原和图像增强有相似之处，图像增强主要是一种改进图像视觉效果的技术，而图像还原是利用退化过程的先验知识去重建或恢复已退化图像的本来面目。

3.2.1 图像退化模型

图像还原就是将图像的退化过程模型化，并据此采用相反的过程对图像进行处理，从而尽可能地恢复出原有图像的过程。退化过程模型化就是了解并确认图像退化的因素、图像质量降低的物理过程，以及与退化现象有关的先验或后验知识，从而建立图像退化模型的过程。

图像退化模型的简单示意如图 3-1 所示。图中，$f(x, y)$ 表示一幅图像，H 表示施加于图像 $f(x, y)$ 上的图像处理系统。在图像处理的过程中，由于图像处理系统的不完善和随机干扰(即噪声信号)$n(x, y)$，输出图像 $g(x, y)$ 是图像处理系统和噪声联合作用的结果。图像退化的数学模型表示如下：

$$g(x, y) = H[f(x, y)] + n(x, y) \tag{3-1}$$

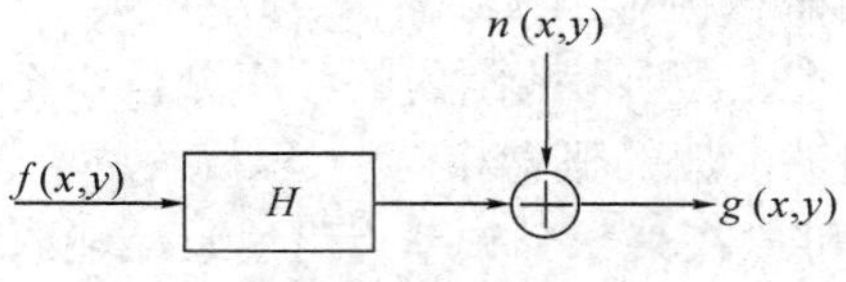

图 3-1　图像退化的数学模型

3.2.2　图像还原方法

引起图像退化的因素众多且退化的机理各不相同，目前没有统一的针对退化过程的模型化方法。根据式(3-1)，针对不同的退化机理，采用不同的退化模型、处理技巧和估计准则，可以得到不同的还原方法。

1. 针对噪声 $n(x, y)$ 的还原方法

噪声 $n(x, y)$ 是一种重要的且常见的退化因素，也是图像还原中重点研究的内容。图像噪声通常是一种空间上不相联系的离散和孤立的像素的变化现象。有误差的像素在视觉上通常显得与它们相邻的像素明显不同，这种现象是许多噪声模型和噪声消除算法的基础。

常见的作用于数字图像上的噪声可以分为随机噪声和周期噪声两种。随机噪声主要是由图像采集单元的热噪声或电路波动所引起的，周期噪声主要是由图像采集单元的电路缺陷所引起的。随机噪声表现为数字图像上分布没有规律的一些噪声点，周期噪声表现为图像频谱上特定位置出现的一些冲击。随机噪声主要通过空域滤波器来去除，周期噪声主要通过频域滤波器来去除。

空域滤波器直接在图像域中滤除噪声。当图像仅受到随机噪声影响时，用空域滤波器可以较好地恢复图像。常见的空域噪声滤波器主要有以下几种：

(1) 算术平均滤波器：在 $m \times n$ 的窗口内取平均值，以模糊为代价来达到降噪的目的。

(2) 几何平均滤波器：对在 $m \times n$ 的窗口内的像素乘积的值取 $1/(mn)$ 次幂，降噪效果与算术平均滤波器相当，但细节损失较少。

(3) 调和均值滤波器：对盐粒噪声处理的效果较好，不适合处理胡椒噪声，对其他噪声也有较好的效果。

(4) 反调和均值滤波器：滤波器阶数 Q 为正值时，适合处理胡椒噪声；滤波器阶数 Q 为负值时，适合处理盐粒噪声。

(5) 中值滤波器：对相邻窗口内的像素进行排序，取中间值，适合处理脉冲噪声，如冲击噪声或者椒盐噪声。

(6) 最大值滤波器：对相邻窗口内的像素进行排序，取最大值，适合处理胡椒噪声。

(7) 最小值滤波器：对相邻窗口内的像素进行排序，取最小值，适合处理盐粒噪声。

(8) 中点滤波器：计算相邻像素的最大值和最小值然后取中点，最适合处理均值为 0 的高斯噪声或均匀分布噪声。

(9) 顺序-平衡均值滤波器：对相邻像素点，去掉最大的 $d/2$ 个像素点和最小的 $d/2$ 个像素点，然后对剩下的像素点取均值，适合处理高斯和椒盐混合噪声。

频域技术可以有效地分析并滤除周期噪声。常见的频域滤波器主要有以下几种：

(1) 带阻滤波器：能通过大多数频率分量，只将某些范围的频率分量衰减到极低水平的滤波器，与带通滤波器的概念相对。

(2) 带通滤波器：能通过某一频率范围内的频率分量，将其他范围的频率分量衰减到极低水平的滤波器，与带阻滤波器的概念相对。

(3) 陷波滤波器：一种可以在某一个频率点迅速衰减输入信号，以达到阻碍此频率信号通过的滤波效果的滤波器，属于带阻滤波器的一种。当带阻滤波器的阻带很窄时，被称为陷波滤波器，又称为点阻滤波器。

2. 针对图像处理系统 H 的还原方法

在图像的获取、传输以及保存过程中，由于各种图像处理系统 H 的不完善将引起图像质量下降，导致图像退化。图像退化的典型表现是图像出现模糊、失真等。由于图像的退化，图像接收端接收的图像将不再是传输的原始图像，图像效果明显变差。为此，必须对退化的图像进行处理，尽可能使恢复的图像接近原图像。

几何失真是图像处理系统不完善的典型现象，属于一种常见的图像退化现象，需要通过几何变换来修正图像中像素之间的空间联系，即进行空间几何变换来消除此类失真。空间几何变换有透射变换、仿射变换等多种形式。在图像处理中，仿射变换是最常用的一种空间变换形式。图像仿射变换可以用如下矩阵来表示：

$$[xy1] = [vw1]T = [vw1] \begin{bmatrix} t_{11} & t_{12} & 0 \\ t_{21} & t_{22} & 0 \\ t_{31} & t_{32} & 1 \end{bmatrix} \tag{3-2}$$

其中，(x, y) 为变换后的坐标，(v, w) 为变换前的坐标。通过变换矩阵 T，可以进行图像的缩放、旋转、平移等。

运动模糊也是一种图像处理系统不完善的典型现象。运动模糊是在拍摄设备快门打开的时间内，物体在成像平面上的投影发生平移或旋转，使接收的影像彼此发生重叠而造成的图像退化。运动模糊也是常见的一种图像退化现象。

假设无任何模糊和噪声的原始图像为 $f(x, y)$，模糊图像为 $g(x, y)$。由于运动模糊是由图像彼此重叠造成的，因此可以表示为

$$g(x, y) = \int_0^T f(x + c_x t, y + c_y t) \mathrm{d}t + n(x, y) \tag{3-3}$$

其中，c_x 为图像在 x 轴方向上的平移速度；c_y 为图像在 y 轴方向上的平移速度；T 为快门打开时间，即产生模糊图像的时间；$n(x, y)$ 为加性噪声。

3. 交互式还原

在实际应用中，图像常常会被噪声破坏，这些噪声或是镜头上的灰尘/水滴，或是旧照片的划痕，或是图像遭到人为的涂画(比如马赛克)，或是图像本身的一部分已经损坏。如果我们想让这些受到破坏的图片尽可能恢复到原样，针对噪声 $n(x, y)$ 和图像处理系统 H 的自动图像还原是非常困难的，因此可以采用交互式还原。交互式还原利用那些已经被破坏的区域的边缘，即边缘的颜色和结构，根据这些图像留下的信息去推断被破坏区域的信息内容，然后对破坏区域进行填补，以达到图像修补还原的目的。OpenCV 中提供了两种交互式图像还原算法，基于图像梯度的快速匹配方法(Telea 法)和基于 Navier-Stokes 的修复方法。

图像梯度的快速匹配算法(Telea 法)首先选择图像中需要修复的区域，从该区域的边界开始进入区域内，然后逐渐填充区域内的所有内容。该算法为需要修复的像素点选择一个小邻域，然后由邻域内所有已知像素值的归一化加权和来替换该像素点的值。对靠近该像素点的、接近边界法线的和位于边界等值线上的那些像素点赋予更多的权重。一旦该像素

点被修复，则采用快速行进方法行进到下一个最近的像素点。

Navier-Stokes 算法首先沿着已知区域的边缘移动到未知的区域，连接具有连续相等光强度的像素，同时修复区域边界的匹配渐变矢量。该算法采用了流体力学的一些方法，在获取颜色值后将颜色填充到相应区域以减小该区域的差异。

3.3　实验内容

图像还原利用退化过程的先验知识去重建或恢复已退化图像的本来面目。首先对图像退化现象进行观察，确认图像退化的机理，然后针对不同的退化机理采用相应的还原方法还原退化图像，再比较其他方法的还原效果。

1. 针对噪声的图像还原

本实验使用 OpenCV 提供的均值滤波、高斯滤波、中值滤波、双边滤波等函数滤除噪声，效果如图 3-2～图 3-6 所示。

程序如下：

```
#include "stdafx.h"
#include <iostream>
#include "opencv2/imgproc/imgproc.hpp"
#include "opencv2/highgui/highgui.hpp"
using namespace std;
using namespace cv;
// 全局变量
int DELAY_CAPTION = 1500;
int DELAY_BLUR = 100;
int MAX_KERNEL_LENGTH = 31;
Mat src; Mat dst;
char window_name[] = "Filter Demo";
// 函数头部
int display_caption( char* caption );
int display_dst( int delay );
/**
* 主函数
*/
int main( int argc, char** argv )
{
    namedWindow( window_name, CV_WINDOW_AUTOSIZE );
    //读入原图像
    src = imread( "lena.jpg", 1 );
    if( !src.data )
```

```
    {
         cout<<"没有原图像文件"<<endl;
         return 0;
    }
//显示原图像
if( display_caption( "Original Image" ) != 0 ) { return 0; }
dst = src.clone();
if( display_dst( DELAY_CAPTION ) != 0 ) { return 0; }

//均值滤波
if( display_caption( "Homogeneous Blur" ) != 0 ) { return 0; }
for ( int i = 1; i < MAX_KERNEL_LENGTH; i = i + 2 )
{
     blur( src, dst, Size( i, i ), Point(-1,-1) );
     if( display_dst( DELAY_BLUR ) != 0 ) { return 0; }
}

//高斯滤波
if( display_caption( "Gaussian Blur" ) != 0 ) { return 0; }
for ( int i = 1; i < MAX_KERNEL_LENGTH; i = i + 2 )
{
     GaussianBlur( src, dst, Size( i, i ), 0, 0 );
     if( display_dst( DELAY_BLUR ) != 0 ) { return 0; }
}

//中值滤波
if( display_caption( "Median Blur" ) != 0 ) { return 0; }
for ( int i = 1; i < MAX_KERNEL_LENGTH; i = i + 2 )
{
     medianBlur ( src, dst, i );
     if( display_dst( DELAY_BLUR ) != 0 ) { return 0; }
}

//双边滤波
if( display_caption( "Bilateral Blur" ) != 0 ) { return 0; }
for ( int i = 1; i < MAX_KERNEL_LENGTH; i = i + 2 )
{
     bilateralFilter ( src, dst, i, i*2, i/2 );
     if( display_dst( DELAY_BLUR ) != 0 ) { return 0; }
```

```
    }
    //等待用户按键结束
    display_caption( "End: Press a key!" );
    waitKey(0);
    return 0;
}
//显示提示信息
int display_caption( char* caption )
{
    dst = Mat::zeros( src.size(), src.type() );
    putText( dst, caption,
    Point( src.cols/4, src.rows/2),
    CV_FONT_HERSHEY_COMPLEX, 1, Scalar(255, 255, 255) );
    imshow( window_name, dst );
    int c = waitKey( DELAY_CAPTION );
    if( c >= 0 ) { return -1; }
    return 0;
}
//显示图像，delay 毫秒后关闭图像显示
int display_dst( int delay )
{
    imshow( window_name, dst );
    int c = waitKey ( delay );
    if( c >= 0 ) { return -1; }
    return 0;
}
```

图 3-2　含有噪声的原始图像　　　　　图 3-3　均值滤波后的图像

图 3-4　中值滤波后的图像

图 3-5　高斯滤波后的图像

图 3-6　双边滤波后的图像

2. 针对几何失真的图像还原

仿射变换(affine transform)在针对几何失真的图像还原方面有重要意义。通常仿射变换的参数决定于图像中 3 个对应点之间的关系。OpenCV 提供 warpAffine 函数实现仿射变换，getRotationMatrix2D 可以获得相应的旋转关系矩阵。本实验主要实现仿射变换、图像旋转和仿射旋转变换，结果如图 3-7～图 3-10 所示。

程序如下：

```
#include<iostream>
#include"opencv2/imgproc/imgproc.hpp"
#include"opencv2/highgui/highgui.hpp"
#include"opencv2/core/core.hpp"
#include"highgui.h"

usingnamespace std;
usingnamespace cv;
```

```cpp
int main()
{
    Point2f srcTri[3];
    Point2f dstTri[3];

    Mat rot_mat(2, 3, CV_32FC1);
    Mat warp_mat(2, 3, CV_32FC1);
    Mat srcImage, warp_dstImage, warp_rotate_dstImage, rotate_dstImage;
    //加载图像
    srcImage = imread("lena.jpg");
    //判断文件是否加载成功
    if(srcImage.empty())
    {
        cout<<"图像加载失败!"<<endl;
        return -1;
    }
    else
        cout<<"图像加载成功!"<<endl<<endl;

    //创建仿射变换目标图像与原图像尺寸类型相同
    warp_dstImage = Mat::zeros(srcImage.rows, srcImage.cols, srcImage.type());
    //设置 3 个点来计算仿射变换
    srcTri[0] = Point2f(0, 0);
    srcTri[1] = Point2f(srcImage.cols - 1, 0);
    srcTri[2] = Point2f(0, srcImage.rows - 1);

    dstTri[0] = Point2f(srcImage.cols*0.0, srcImage.rows*0.33);
    dstTri[1] = Point2f(srcImage.cols*0.85, srcImage.rows*0.25);
    dstTri[2] = Point2f(srcImage.cols*0.15, srcImage.rows*0.7);

    //计算仿射变换矩阵
    warp_mat = getAffineTransform(srcTri, dstTri);

    //对加载图形进行仿射变换操作
    warpAffine(srcImage, warp_dstImage, warp_mat, warp_dstImage.size());

    //计算图像中点顺时针旋转 50°，缩放因子为 0.6 的旋转矩阵
    Point center = Point(warp_dstImage.cols/2, warp_dstImage.rows/2);
    double angle = -50.0;
```

```
double scale = 0.6;

//计算旋转矩阵
rot_mat = getRotationMatrix2D(center, angle, scale);

//旋转已扭曲图像
warpAffine(warp_dstImage, warp_rotate_dstImage, rot_mat, warp_dstImage.size());

//将原图像旋转
warpAffine(srcImage, rotate_dstImage, rot_mat, srcImage.size());

//显示变换结果
namedWindow("原图像", WINDOW_AUTOSIZE);
imshow("原图像", srcImage);

namedWindow("仿射变换", WINDOW_AUTOSIZE);
imshow("仿射变换", warp_dstImage);

namedWindow("仿射旋转变换", WINDOW_AUTOSIZE);
imshow("仿射旋转变换", warp_rotate_dstImage);

namedWindow("图像旋转", WINDOW_AUTOSIZE);
imshow("图像旋转", rotate_dstImage);
waitKey(0);
return 0;
}
```

图 3-7　变换前的原始图像

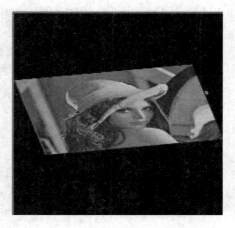

图 3-8　仿射变换后的图像

图 3-9　旋转后的图像　　　　　　　　图 3-10　放射旋转变换后的图像

3. 针对运动模糊的图像还原

通常，可通过核线性卷积的形式对图像添加运动模糊，相反也可精确地去除运动模糊。本实验主要根据这一原理实现运动模糊的添加与消除。输入图像如图 3-11 所示，转化为灰度图，添加运动模糊后的灰度图如图 3-12 所示，消除运动模糊后的灰度图如图 3-13 所示。

程序如下：

```
#include<iostream>
#include<opencv2/opencv.hpp>
usingnamespace std;      //使用命名空间 std
usingnamespace cv;       //使用命名空间 cv

//从输入的灰度图像创建复数类型的图像(实部和虚部)
// src 表示输入的单通道灰度图像；dst 表示输出双通道复数类型图像
void i2z(Mat src, Mat& dst)
{
    //将图像转换为 float 类型，创建另一个零填充图像，并为其创建数组。
    Mat im_array[] = { Mat_<float>(src), Mat::zeros(src.size(), CV_32F) };

    //用双通道图像表示复数类型的图像
    Mat im_complex; merge(im_array, 2, im_complex);

    //保存为目标
    im_complex.copyTo(dst);
}
// 将双通道复数类型图像转换为单通道灰度图像
// src 表示输入双通道复数类型图像；dst 表示输出单通道灰度图像
void z2i(Mat src, Mat& dst)
{
```

```
    //将复数图像拆分为二
    Mat im_tmp[2]; split(src, im_tmp);

    //计算二维矢量的幅值
    Mat im_f; magnitude(im_tmp[0], im_tmp[1], im_f);

    //保存为目标
    im_f.copyTo(dst);
}


//返回复数图像  C = A./B
//如果 A = a + b × i 且 B = c + d × i;
// C = A./B = ((a × c + b × d) / (c^2 + d^2)) + ((b × c - a × d)/(c^2 + d^2)) × i
Mat complexDiv(const Mat& A, const Mat& B)
{
    Mat A_tmp[2]; split(A, A_tmp);
    Mat a, b;
    A_tmp[0].copyTo(a);
    A_tmp[1].copyTo(b);
    Mat B_tmp[2]; split(B, B_tmp);
    Mat c, d;
    B_tmp[0].copyTo(c);
    B_tmp[1].copyTo(d);
    Mat C_tmp[2];
    Mat g = (c.mul(c)+d.mul(d));
    C_tmp[0] = (a.mul(c)+b.mul(d))/g;
    C_tmp[1] = (b.mul(c)-a.mul(d))/g;
    Mat C;
    merge(C_tmp, 2, C);
    return C;
}


// 给 src 添加运动模糊，模糊程度取决于内核 ker
Mat AddMotionBlur(const Mat& src, const Mat& ker)
{
    // 转换为浮点数据
    Mat sample_float;
    src.convertTo(sample_float, CV_32FC1);
```

```cpp
    // 运动模糊
    Point anchor(0, 0);
    double delta = 0;
    Mat dst = Mat(sample_float.size(), sample_float.type());
    Ptr<FilterEngine>fe = createLinearFilter(sample_float.type(), ker.type(), ker, anchor,
            delta, BORDER_WRAP, BORDER_CONSTANT, Scalar(0));
    fe->apply(sample_float, dst);

    return dst;
}


// 消除由特殊内核 ker 添加的运动模糊
Mat DemotionBlur(const Mat& src, const Mat& ker)
{
    // 灰度图像傅里叶变换
    Mat blurred_co;
    i2z(src, blurred_co);
    Mat If;
    dft(blurred_co, If);
    Mat im_complex_ker;

//将傅里叶变换的结果转换为灰度图像
    Mat im_de;
    dft(im_co, im_de, DFT_INVERSE+DFT_SCALE);
    Mat im_deblur;
    z2i(im_de, im_deblur);

    return im_deblur;
}

int main(int argc, char** argv){
    // 读取测试样例图像
    const std::string ImageName = "./lena.jpg";
    Mat DemoImage = imread(ImageName, CV_LOAD_IMAGE_GRAYSCALE);

    // 运动模糊核
    float kernel[1][3] = {{0.333333333,0.33333333,0.33333333}};
    Mat ker = Mat(1, 3, CV_32FC1, &kernel);
```

```
// 添加运动模糊
Mat blur = AddMotionBlur(DemoImage, ker);
imwrite("./blur.jpg", blur);

// 去除运动模糊
Mat deblur = DemotionBlur(blur, ker);
imwrite("./deblur.jpg", deblur);
return 0;
}
```

图 3-11　原始图像　　图 3-12　添加运动模糊的图像　　图 3-13　消除运动模糊的图像

4. 交互式图像还原

OpenCV 中利用 inpaint()函数来实现还原修复功能，inpaint()的函数原型如下：

```
void inpaint( InputArray src, InputArray inpaintMask,
              OutputArray dst, double inpaintRadius, int flags );
```

第一个参数 src 表示输入的单通道或三通道图像；

第二个参数 inpaintMask 为图像的掩码，单通道图像，大小跟原图像一致，非零像素表示需要修复的区域；

第三个参数 dst 表示输出的经过修复的图像；

第四个参数 inpaintRadius 为修复算法取的邻域半径，用于计算当前像素点的差值；

第五个参数 flags 为修复算法，有 INPAINT_NS 和 I NPAINT_TELEA 两种。

交互式图像还原的关键是图像掩码的确定，可以通过阈值筛选或者手工选定。

下面的程序对有污染的图像进行修复，还原为未被污染的图像。

```
#include "stdafx.h"
#include <imgproc/imgproc.hpp>
#include <highgui/highgui.hpp>
#include <core/core.hpp>
#include <photo/photo.hpp>
using namespace cv;
Point ptL, ptR; //鼠标画出包含有污损图像的矩形框
Mat imageSource, imageSourceCopy;
Mat ROI; //原图需要修复区域的像素矩阵
```

```
//鼠标调用函数，用来画矩形框
void OnMouse(int event, int x, int y, int flag, void *ustg);
//鼠标圈定区域进行阈值处理和 Mask 膨胀处理
int main()
{
    imageSource = imread("lena.jpg");
    if (!imageSource.data)
    {
        return -1;
    }
    imshow("原图", imageSource);
    setMouseCallback("原图", OnMouse);
    waitKey();
}
void OnMouse(int event, int x, int y, int flag, void *ustg)
{
    if (event == CV_EVENT_LBUTTONDOWN)
    {
        ptL = Point(x, y);
        ptR = Point(x, y);
    }
    if (flag == CV_EVENT_FLAG_LBUTTON)
    {
        ptR = Point(x, y);
        imageSourceCopy = imageSource.clone();
        rectangle(imageSourceCopy, ptL, ptR, Scalar(255, 0, 0));
        imshow("原图", imageSourceCopy);
    }
    if (event == CV_EVENT_LBUTTONUP)
    {
        if (ptL != ptR)
        {
            ROI = imageSource(Rect(ptL, ptR));
            imshow("ROI", ROI);
            waitKey();
        }
    }
    //单击鼠标右键开始图像修复
    if (event == CV_EVENT_RBUTTONDOWN)
```

```
{
    imageSourceCopy = ROI.clone();
    Mat imageGray;
    cvtColor(ROI, imageGray, CV_RGB2GRAY);                //转换为灰度图
    Mat imageMask = Mat(ROI.size(), CV_8UC1, Scalar::all(0));
    //通过阈值处理生成 imageMask
    threshold(imageGray, imageMask, 235, 255, CV_THRESH_BINARY);
    Mat Kernel = getStructuringElement(MORPH_RECT, Size(3, 3));
    dilate(imageMask, imageMask, Kernel);                 //对 Mask 膨胀处理
    inpaint(ROI, imageMask, ROI, 9, INPAINT_TELEA);       //图像修复
    imshow("Mask", imageMask);
    imshow("修复后", imageSource);
}
}
```

图 3-14　损坏图像

图 3-15　选定修复区域

图 3-16　还原图像

3.4　实验报告要求

实验报告中应包含以下内容：
(1) 程序流程图。
(2) 各段程序的基本功能。
(3) 程序组成及各函数/模块的基本功能。
(4) 程序清单(手写或打印后粘贴)。
(5) 程序的运行和测试结果(截图)。
(6) 实验中的问题和心得体会。

思　考　题

交互式图像还原过程中，图像掩码的确定是 inpaint()函数处理效果的关键。可以采用哪些方法确定图像掩码？

第4章 图 像 分 割

4.1 实 验 目 的

- 掌握边缘检测经典算法的基本原理和实现方法。
- 掌握分水岭图像分割算法的原理和实现方法。
- 了解形态学理论，掌握基于形态学的图像分割方法。
- 掌握基于区域增长的图像分割理论和方法。

4.2 相关基础知识

图像分割是把图像分成若干个特定的、具有独特性质的区域并提取感兴趣目标的技术和过程。提取感兴趣的目标以供更高层进行分析和理解，是图像处理到图像分析的关键步骤。现有的图像分割方法主要有基于阈值的分割方法、基于区域的分割方法、基于边缘的分割方法以及基于特定理论的分割方法等。从数学角度来看，图像分割是将数字图像划分成互不相交的区域的过程。图像分割的过程也是一个标记过程，即把属于同一区域的像素赋予相同的编号。

4.2.1 数字图像边缘检测方法

边缘信息是图像中非常重要的细节和特征信息，大部分图像处理过程中都需要检测图像的边缘信息。一般常用一阶导数和二阶导数来检测边缘。图像边缘检测的经典算法有索贝尔(Sobel)算子、拉普拉斯(Laplacian)算子、罗伯茨(Roberts)算子、坎尼(Canny)算子及 Marr-Hildresh(即 LOG)算子。

1. 索贝尔算子

索贝尔算子是主要用于边缘检测的离散微分算子，结合了高斯平滑和微分求导，用于计算图像灰度函数的近似梯度。索贝尔算子是典型的基于一阶导数的边缘检测算子，由于该算子引入了类似局部平均的运算，因此对噪声具有平滑作用，能很好地消除噪声的影响。

索贝尔算子包含两组 3×3 的模板，如式(4-1)所示，G_x 和 G_y 分别为横向及纵向模板。将该模板与图像做卷积运算，即可分别得出横向及纵向的亮度差分近似值。

$$\boldsymbol{G}_x = \begin{bmatrix} -1 & 0 & 1 \\ -2 & 0 & 2 \\ -1 & 0 & 1 \end{bmatrix}, \boldsymbol{G}_y = \begin{bmatrix} 1 & 2 & 1 \\ 0 & 0 & 0 \\ -1 & -2 & -1 \end{bmatrix} \tag{4-1}$$

式(4-2)用于计算图像中每一像素的梯度大小，式(4-3)则用于计算梯度方向。

$$G = \sqrt[2]{G_x^2 + G_y^2} \tag{4-2}$$

$$\theta = \arctan\left(\frac{G_y}{G_x}\right) \tag{4-3}$$

若 $\theta = 0$，即代表图像该处拥有纵向边缘且左方较右方暗。

通常情况下，使用式(4-4)计算图像的梯度。

$$|G| = |G_x| + |G_y| \tag{4-4}$$

2. 拉普拉斯算子

拉普拉斯算子是一种各向同性算子，是二阶微分算子，具有旋转不变性。一个二维图像函数的拉普拉斯变换是各向同性的二阶导数。

相关知识参见第 2 章 2.2.3 小节中对拉普拉斯算子的详细描述。

3. 罗伯茨算子

罗伯茨算子是一种利用局部差分寻找边缘的算子，采用对角线方向相邻两像素之差来检测边缘。检测垂直边缘的效果好于斜向边缘，定位精度高，但对噪声敏感，无法抑制噪声的影响。

罗伯茨边缘算子是一个 2×2 的模板，如式(4-5)所示。

$$\boldsymbol{H}_x = \begin{bmatrix} -1 & 0 \\ 0 & 1 \end{bmatrix}, \boldsymbol{H}_y = \begin{bmatrix} 0 & -1 \\ 1 & 0 \end{bmatrix} \tag{4-5}$$

利用式(4-5)所示的算子计算图像中每个像素点的梯度值，若这个梯度值大于某个给定的阈值，则对应的像素点为边缘像素点。

4. 坎尼算子

坎尼算子的检测原理是通过图像信号函数的极大值来判定图像的边缘像素点。在进行坎尼算子边缘检测前，应当先将原始数据与高斯滤波器进行卷积操作，然后对得到的图像用坎尼边缘检测算子进行边缘检测，其算法步骤如下：

(1) 用式(4-6)的高斯滤波器(大小为 5×5 的高斯核)对输入图像做平滑处理。

$$\boldsymbol{K} = \frac{1}{159} \begin{bmatrix} 2 & 4 & 5 & 4 & 2 \\ 4 & 9 & 12 & 9 & 4 \\ 5 & 12 & 15 & 12 & 5 \\ 4 & 9 & 12 & 9 & 4 \\ 2 & 4 & 5 & 4 & 2 \end{bmatrix} \tag{4-6}$$

(2) 利用式(4-1)、式(4-2)和式(4-3)计算图像的梯度大小和梯度方向，梯度方向近似为四个可能值，即 0°、45°、90°、135°。

(3) 对图像的梯度大小进行非极大值抑制。这一步可看作边缘细化，只有候选边缘点被保留，其余的点被移除。

(4) 利用双阈值检测和连接边缘。

若候选边缘点大于上阈值，则被保留；若其值小于下阈值，则被舍弃；若其值处于上阈值与下阈值之间，则再看其所连接的像素点的值，如大于上阈值则被保留，反之舍弃。

5. Marr-Hildresh(即 LOG)算子

Marr-Hildreth 边缘检测算法的步骤如下：

(1) 利用式(4-7)取样 $n \times n$ 的高斯低通滤波器，对输入图像滤波。

$$G(x,y) = \mathrm{e}^{-\frac{x^2+y^2}{2\sigma^2}} \tag{4-7}$$

(2) 计算由(1)所得图像的拉普拉斯算子。

(3) 找到(2)所得图像滤波结果的零交叉，它是 Marr-Hiltreth 边缘检测方法的关键特征，可以获得图像或物体的边缘。

判断待处理像素点 p 是否为零交叉点的步骤如下：

(1) 以 p 为中心的一个 3×3 邻域，p 点处的零交叉意味着 p 点的上/下、左/右两个对角的 4 对像素点中至少有两个相对的灰度值差的符号不同；

(2) 如果 p 点的像素值差的绝对值小于等于一个设定的阈值，且左/右、上/下、两个对角这 4 种相对邻域的符号不同，则判断 p 为一个零交叉像素点。

4.2.2　分水岭图像分割方法

1. 传统分水岭算法的基本原理

传统的分水岭分割方法是一种基于拓扑理论的数学形态学分割方法，它的基本思想是把图像看作大地测量学上的拓扑地貌，图像中每一像素的灰度值表示该点的海拔高度，每一个局部极小值及其影响区域称为集水盆地，而集水盆地的边界则形成分水岭。

分水岭的计算过程是一个迭代标注过程，该算法有两个过程，一个是排序过程，另一个是淹没过程。首先对每个像素的灰度级从低到高进行排序，然后在从低灰度级到高灰度级实现淹没的过程中采用先进先出(FIFO)的方式进行判断及标注。

分水岭变换得到的是输入图像的集水盆地图像，集水盆地之间的边界点即为分水岭。显然，分水岭表示的是输入图像的极大值点。因此，通常情况下采用基于梯度图像的方法完成图像的分水岭分割。然而，基于梯度图像的直接分水岭算法容易导致图像的过分割，主要是由于输入的图像存在过多的极小区域而产生许多小的集水盆地，从而导致分割后的图像不能将图像中有意义的区域表示出来，所以必须对分割结果的相似区域进行合并。

2. 改进的分水岭算法的基本原理

传统分水岭算法存在过分割，OpenCV 提供了一种改进的分水岭算法 wathershed，使用一系列预定义标记来引导图像分割。使用这种改进的分水岭算法需要输入一个标记图像，图像的像素值为 32 位有符号正数(CV_32S 类型)，每个非零像素代表一个标签。它的原理是对图像中部分像素做标记，表明它的所属区域是已知的。分水岭算法可以根据这个初始标记确定其他像素所属的区域。

改进的分水岭分割算法的步骤如下：

(1) 封装分水岭算法类。

(2) 获取标记图像。获取前景像素，并用 255 标记前景；获取背景像素，并用 128 标记背景；未知像素使用 0 标记。然后合成标记图像。

(3) 将原图和标记图像输入分水岭算法。

(4) 显示结果。

4.2.3 基于形态学的图像分割方法

形态学即数学形态学(Mathematical Morphology)，其基本思想是用具有一个形态的结构元素去度量和提取图像中的对应形状，以达到对图像进行分析和识别的目的。

数字图像形态学的基本运算包括腐蚀、膨胀以及开运算和闭运算。

1. 腐蚀

用结构元素 B 对图像 A 进行腐蚀运算，记为 $A \ominus B$，则腐蚀运算可用式(4-8)表示。

$$A \ominus B = \{z \mid (B)_z \subseteq A\} \tag{4-8}$$

腐蚀实现的步骤如下：

(1) 设计一个结构元素 B。

(2) 将结构元素 B 平移到图像 A 的目标区域。

(3) 若结构元素 B 与图像 A 完全重叠，则结构元素 B 的源点对应的像素点仍作为目标像素点，否则将该像素点设置成背景像素点。

2. 膨胀

用结构元素 B 对图像 A 进行膨胀运算，记为 $A \oplus B$，则膨胀运算可用式(4-9)表示。

$$A \oplus B = \{z \mid (\hat{B})_z \cap A \neq \varnothing\} \tag{4-9}$$

膨胀实现的步骤为：

(1) 设计一个结构元素 B，并求出结构元素 B 的反射 $\hat{B}$；

(2) 将结构元素 $\hat{B}$ 平移到图像 A 与目标区域邻接的背景区域；

(3) 若结构元素 $\hat{B}$ 与图像 A 至少有一个元素重叠，则结构元素 $\hat{B}$ 的源点对应的像素点设置为目标区域，否则该像素点仍然是背景像素点。

3. 开运算

开运算是先进行腐蚀运算，再进行膨胀运算。

4. 闭运算

闭运算是先进行膨胀运算，再进行腐蚀运算。

4.2.4 基于区域增长的分割算法

区域生长的分割算法是根据像素的相似性质来聚集像素点的方法。从初始区域(如小邻域或每个像素点)开始，将相邻的具有同样性质的像素点或非当前区域归并到当前的区域中。重复以上过程，逐步增长区域，直至没有可以归并的点或区域为止。

区域增长算法实现的步骤为：

(1) 对图像进行顺序扫描，找到第 1 个还没有归属的像素点，设该像素点为(x_0, y_0)。

(2) 以(x_0, y_0)为中心，考虑(x_0, y_0)的 4 邻域像素点(x, y)。如果(x_0, y_0)满足区域生长算法，则将(x, y)与(x_0, y_0)合并(在同一区域内)，同时将(x, y)压入堆栈。

(3) 从堆栈中取出一个像素点，把它当作(x_0, y_0)返回到步骤(2)；

(4) 当堆栈为空时返回到步骤(1)；

(5) 重复步骤(1)~(4)，直到图像中的每个像素点都有归属时结束区域生长。

4.3 实 验 内 容

实验部分主要完成数字图像的边缘检测与分割，下面是具体的程序实现。

1. 索贝尔算子、拉普拉斯算子及坎尼算子的边缘检测算法

选择一幅图像，分别利用索贝尔算子、拉普拉斯算子及坎尼算子进行边缘检测，在 OpenCV 中调用相应的边缘检测算子来实现，最后显示原图像和采用不同边缘检测算子处理后的图像。具体方法是选择图像 Miss.bmp，显示原图像，依次采用索贝尔算子、拉普拉斯算子及坎尼算子进行边缘检测，最后显示检测后的图像。

程序如下：

```
#include<opencv2\opencv.hpp>
#include<opencv2\highgui\highgui.hpp>
usingnamespace std;
usingnamespace cv;
//边缘检测
int main()
{
    Mat img = imread("Miss.bmp");          //读原图像
    namedWindow("原图", WINDOW_AUTOSIZE);
    imshow("原图", img);                   //显示原图像
    //Sobel 边缘检测
    Mat grad_x, grad_y;                    //梯度变量
    Mat abs_grad_x, abs_grad_y, dst;       //梯度的绝对值
```

```
Sobel(img, grad_x, CV_16S, 1, 0, 3, 1, 1,BORDER_DEFAULT);          //求 x 方向梯度
convertScaleAbs(grad_x, abs_grad_x);          //求 x 方向梯度的绝对值
Sobel(img, grad_y, CV_16S, 0, 1, 3, 1, 1, BORDER_DEFAULT);          //求 y 方向梯度
convertScaleAbs(grad_y,abs_grad_y);          //求 y 方向梯度的绝对值
addWeighted(abs_grad_x, 0.5, abs_grad_y, 0.5, 0, dst);          //合并梯度 y
namedWindow("Soble 算子",WINDOW_AUTOSIZE);
imshow("Soble 算子", dst);          //显示整体方向的索贝尔检测结果
//拉普拉斯边缘检测
Mat gray, abs_dst,dst2,img1;
//高斯滤波消除噪声
GaussianBlur(img, img1, Size(3, 3), 0, 0, BORDER_DEFAULT);
cvtColor(img1, gray, COLOR_RGB2GRAY);          //转换为灰度图
//使用拉普拉斯函数
Laplacian(gray, dst2, CV_16S, 3, 1, 0, BORDER_DEFAULT);
convertScaleAbs(dst2, abs_dst);          //取绝对值并将结果转为 8 位
namedWindow("Laplacian 算子",WINDOW_AUTOSIZE);
imshow("Laplacian 算子", abs_dst);
//Canny 边缘检测
Mat edge;
blur(gray, edge, Size(3, 3));          //先使用 3×3 内核来降噪
Canny(edge, edge, 3, 9, 3);          //使用 Canny 函数边缘检测
namedWindow("Canny 算子",WINDOW_AUTOSIZE);
imshow("Canny 算子", edge);          //显示检测结果
waitKey(0);
return 1;
}
```

程序运行结果如图 4-1 所示。

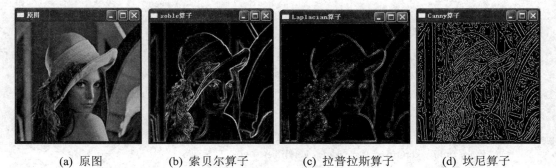

(a) 原图   (b) 索贝尔算子   (c) 拉普拉斯算子   (d) 坎尼算子

图 4-1   边缘检测结果

2. Marr-Hildresh 算子边缘检测算法

选择一幅图像 Miss.bmp，将其转换成灰度图像，然后调用 Marr-Hildresh(即 LOG)算子

边缘检测函数，得到相应的边缘检测的结果，显示原图像及边缘检测的结果图像。

程序如下：

```cpp
#include<opencv2\opencv.hpp>
#include<opencv2\highgui\highgui.hpp>
#include<math.h>
usingnamespace std;
usingnamespace cv;


// LOG 边缘检测
Void marrEdge(const Mat src, Mat& result, int kerValue, double delta)
{
    //计算 LOG 算子
    Mat kernel;
    //半径
    Int kerLen = kerValue / 2;
    kernel = Mat_<double>(kerValue, kerValue);

    //滑窗
    for (double i = -kerLen; i<= kerLen; i++)
    {
        for (double j = -kerLen; j <= kerLen; j++)
        {
            //生成核因子
            kernel.at<double>(i+kerLen,j+kerLen)=exp(-((pow(j,2) + pow(i, 2)) / (pow(delta, 2) * 2)))
                    *((pow(j, 2) + pow(i, 2) - 2 * pow(delta, 2)) / (2 * pow(delta, 4)));
        }
    }


    //设置输入参数
    int kerOffset = kerValue / 2;
    Mat laplacian = (Mat_<double>(src.rows - kerOffset * 2, src.cols - kerOffset * 2));
    result = Mat::zeros(src.rows - kerOffset * 2, src.cols - kerOffset * 2, src.type());
    double sumLaplacian;
    //遍历计算卷积图像的拉普拉斯算子
    for (int i = kerOffset; i<src.rows - kerOffset; ++i)
    {
        for (int j = kerOffset; j <src.cols - kerOffset; ++j)
        {
            sumLaplacian = 0;
```

```
            for (int k = -kerOffset; k <= kerOffset; ++k)
            {
                for (int m = -kerOffset; m <= kerOffset; ++m)
                {
                    //计算图像卷积
                    sumLaplacian+=src.at<uchar>(i+k,j+m)*kernel.at<double>(kerOffset + k,
                kerOffset + m);
                }
            }                   //生成拉普拉斯结果
            laplacian.at<double>(i - kerOffset, j - kerOffset) = sumLaplacian;
        }
    }
    for (int y = 1; y <result.rows - 1; ++y)
    {
        for (int x = 1; x <result.cols-1; ++x)
        {
            result.at<uchar>(y, x) = 0;

            //邻域判定
            if (laplacian.at<double>(y - 1, x)*laplacian.at<double>(y + 1, x) < 0)
            {
                result.at<uchar>(y, x) = 255;
            }
            if (laplacian.at<double>(y, x - 1)*laplacian.at<double>(y, x + 1) < 0)
            {
                result.at<uchar>(y, x) = 255;
            }
            if (laplacian.at<double>(y + 1, x - 1)*laplacian.at<double>(y - 1, x + 1) < 0)
            {
                result.at<uchar>(y, x) = 255;
            }
            if (laplacian.at<double>(y - 1, x - 1)*laplacian.at<double>(y + 1, x + 1) < 0)
            {
                result.at<uchar>(y, x) = 255;
            }
        }
    }
}
```

```
int main()
{
    Mat srcImage = imread("Miss.bmp");              //读原图
    if(!srcImage.data)
        return -1;
    Mat edge, srcGray;
    cvtColor(srcImage, srcGray, CV_RGB2GRAY);       //转换成灰度图像
    marrEdge(srcGray, edge, 9, 1.6);                //使用 LOG 算子边缘检测
    imshow("srcImage", srcImage);                   //显示原图像
    imshow("Log 算子", edge);                        //显示 LOG 算子检测结果
    waitKey(0);
    return 0;
}
```

程序运行结果如图 4-2 所示。

(a) 原图　　　　　　　　　　　　　　　　(b) 结果图像

图 4-2　LOG 边缘检测

3. 分水岭图像分割算法

1) 传统的分水岭算法

选择一幅图像 fenshuiling.bmp，显示原图像。然后使用坎尼算子进行边缘检测，显示结果图；调用轮廓函数，显示轮廓图像；调用 OpenCV 中的分水岭函数实现分水岭分割，最后显示分水岭分割结果图。

程序如下：

```
#include"opencv2/imgproc/imgproc.hpp"
#include"opencv2/highgui/highgui.hpp"
#include<iostream>
usingnamespace cv;
usingnamespace std;
```

```
Vec3b RandomColor(int value);                      //生成随机颜色函数
int main()
{
    Mat image=imread("fenshuiling.bmp");           //载入 RGB 彩色图像
    imshow("原图",image);                           //灰度化，滤波，坎尼边缘检测
    Mat imageGray;
    cvtColor(image,imageGray,CV_RGB2GRAY);         //灰度转换
    //高斯滤波
    Canny(imageGray,imageGray,80,150);
    imshow("Canny 图像",imageGray);


    //查找轮廓
    vector<vector<Point>> contours;
    vector<Vec4i>hierarchy;


    findContours(imageGray, contours, hierarchy, RETR_TREE,
            CHAIN_APPROX_SIMPLE, Point());         //调用查找图像轮廓函数
    Mat imageContours=Mat::zeros(image.size(),CV_8UC1);    //轮廓

    Mat marks(image.size(),CV_32S);        // OpenCV 分水岭第二个矩阵参数
    marks=Scalar::all(0);
    int index = 0;
    intcompCount = 0;
    for( ; index >= 0; index = hierarchy[index][0], compCount++ )
    {
        //对 marks 进行标记，对不同区域的轮廓进行编号，有多少轮廓，就有多少注水点
        drawContours(marks, contours, index, Scalar::all(compCount+1), 1, 8, hierarchy);
        drawContours(imageContours, contours, index, Scalar(255), 1, 8, hierarchy);
    }
    Mat marksShows;

    convertScaleAbs(marks,marksShows);             //取绝对值
    imshow("轮廓",imageContours);                   //显示轮廓图像

    watershed(image,marks);                        //调用分水岭函数
    Mat afterWatershed;

    convertScaleAbs(marks,afterWatershed);         //取绝对值
    imshow("传统分水岭算法",afterWatershed);        //显示分水岭分割结果
```

```
            waitKey();
        }
```

程序运行结果如图 4-3 所示。

(a) 原图

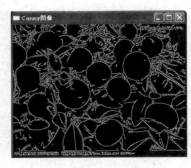

(b) 砍尼结果图

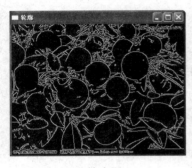

(c) 轮廓图

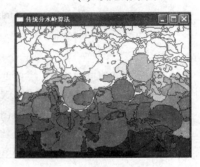

(d) 传统分水岭结果图

图 4-3 传统分水岭分割结果

2) 改进的分水岭图像分割方法

采用改进的分水岭图像分割方法对图像进行分割处理。首先，读入一幅图像 gaijinfenshuilingyuantu.bmp，显示原图像和原图像的二值化图像。然后利用 5×5 大小的矩阵元素对二值图像进行形态学运算，以剔除噪声点；再使用分水岭算法分割前景图像。分别显示分水岭分割结果图像、分水岭线图像和分割后的目标结果图像。

程序如下：

```
#include<opencv2\opencv.hpp>
#include<opencv2\highgui\highgui.hpp>
#include<opencv2\core\core.hpp>
#include<opencv2\imgproc\imgproc.hpp>
usingnamespace std;
usingnamespace cv;
//将分水岭算法 watershed(image,markers)封装进类 WatershedSegmenter，并保存为头文件
WatershedSegmenter.hpp

//下面是封装的头文件
#if !defined WATERSHS
```

```
#define WATERSHS
#include<opencv2/core/core.hpp>
#include<opencv2/imgproc/imgproc.hpp>
class WatershedSegmenter
{
private:
    Mat markers;
public:
    void setMarkers(const Mat&markerImage)
    {
        markerImage.convertTo(markers, CV_32S);
    }
    Mat process(const Mat & image)
    {
        // 调用 OpenCV 中的分水岭算法
        watershed(image, markers);
        return markers;
    }
    // 返回结果图像
    Mat getSegmentation()
    {
        Mat tmp;
        markers.convertTo(tmp, CV_8U);
        returntmp;
    }
    // 以图像的形式返回分水岭
    Mat getWatersheds()
    {
        Mat tmp;
        //在变换前，把每个像素转换为 255
        markers.convertTo(tmp, CV_8U, 255, 255);
        returntmp;
    }
};
#endif                              //以上是封装的头文件
#include " WatershedSegmenter.hpp"
int main()
{
    //获取标记图像并标记前景
```

```
// 读原图像
Mat image1= imread("gaijinfenshuilingyuantu.bmp");
if(!image1.data)
    return 0;
    // 显示原图像
    resize(image1, image1, Size(), 0.7, 0.7);
    namedWindow("原-图");
    imshow("原图",image1);
// 标注目标物，即前景
Mat binary;
cvtColor(image1,binary,COLOR_BGRA2GRAY);

threshold(binary, binary, 30, 255, THRESH_BINARY_INV);    //阈值化，以获得二值图像
namedWindow("二值图像");
imshow("二值图像", binary);                              //显示二值图像
waitKey();

//形态学闭运算，剔除噪声点
Mat element5(5, 5, CV_8U, Scalar(1));              // 5×5 正方形结构元素
Mat fg1;
// 闭运算，以剔除噪声
morphologyEx(binary, fg1, MORPH_CLOSE, element5, Point(-1, -1), 1);
namedWindow("前景图像");
imshow("前景图像", fg1);                              //显示前景图像
waitKey();
// 标注图像中未知目标物
Mat bg1;

dilate(binary, bg1, Mat(), Point(-1, -1), 4);              //膨胀 4 次
threshold(bg1, bg1, 1, 128, THRESH_BINARY_INV);      //大于等于 1 的像素设置为 128

//合成标记图像
Mat markers1 = fg1 + bg1;
// 使用分水岭算法分割图像
WatershedSegmenter segmenter1;                      //实例化一个分水岭分割方法的对象
//设置算法的标记图像，使得水淹过程从这组预先定义好的标记像素开始
segmenter1.setMarkers(markers1);

segmenter1.process(image1);                          //传入待分割原图
```

```
        // 显示分割结果
        namedWindow("分割结果");
        //将修改后的标记图 markers 转换为可显示的 8 位灰度图并返回分割结果
        imshow("分割结果", segmenter1.getSegmentation());
        waitKey();
        // 显示分水岭分割线条
        namedWindow("分水岭线");
        imshow("分水岭线",segmenter1.getWatersheds());    //以图像的形式返回分水岭线
        waitKey();
        //显示分割结果
        // 获取掩模图像
        Mat maskimage = segmenter1.getSegmentation();
        threshold(maskimage, maskimage, 250, 1, THRESH_BINARY);
        cvtColor(maskimage, maskimage, COLOR_GRAY2BGR);
        maskimage = image1.mul(maskimage);
        namedWindow("分割目标物");
        imshow("分割目标物", maskimage);              //显示分割目标物
        waitKey();
    }
```

程序运行结果如图 4-4 所示。

(a) 原图

(b) 二值图像

(c) 前景图像

(d) 分水岭分割结果

(e) 分水岭线

(f) 分割目标物结果

图 4-4　改进的分水岭分割算法

4. 形态学图像分割算法

　　读取一幅原图像 juzi.jpg，首先将原图像进行二值化处理，得到二值图像并显示；然后使用大小为 15×15 的矩阵元素对二值图像进行腐蚀运算，得到腐蚀后的图像；接下来使用大小为 3×3 大小的矩阵元素对腐蚀图像进行膨胀运算，将膨胀图像与腐蚀图像进行相

减运算得到腐蚀边缘图像并显示；再使用大小为 5×5 大小的矩阵元素对二值化图像进行膨胀运算，得到膨胀边缘图像并加以显示。

程序如下：

```
#include<opencv2\opencv.hpp>
#include"opencv2\highgui\highgui.hpp"
usingnamespacecv;
usingnamespacestd;
void main()
{
    vector<int>compression_params;
    compression_params.push_back(CV_IMWRITE_JPEG_QUALITY);
    compression_params.push_back(9);
    Mat src = imread("juzi.jpg", 1);
    namedWindow("原图像", WINDOW_AUTOSIZE);
    imshow("原图像", src);                              //显示原图像

//-----------------图像颜色分割得到二值图像-------------------
    Mat binary=Mat::zeros(src.size(), CV_8UC1);        //二值图像的初始化
    for(int ii=0; ii<src.rows; ii++)
        for(int jj=0; jj<src.cols; jj++)
        {
            int b=(int)(src.at<Vec3b>(ii, jj)[0]);
            int r=(int) (src.at<Vec3b>(ii, jj)[2]);
            if((r>150)&(b<200))
            {
                binary.at<uchar>(ii, jj)=255;
            }
            else
                binary.at<uchar>(ii, jj)=0;
        }
    namedWindow("二值图像", WINDOW_AUTOSIZE);
    imshow("二值图像", binary);                         //显示二值图像
    imwrite("binary.jpg", binary);

//腐蚀图像
    Mat element = getStructuringElement(MORPH_RECT, Size(15,15));   //获取 15×15 的矩阵元素
    Mat erodeImg;
    erode(binary, erodeImg,element);                   //对二值化图像进行腐蚀运算
    namedWindow("erod 运算", WINDOW_AUTOSIZE);
```

```
    imshow("erod 运算", erodeImg);                          //显示腐蚀后的图像
    element=getStructuringElement(MORPH_ELLIPSE, Size(3, 3));        //获取 3×3 矩阵元素
    Mat Img2;

    dilate(erodeImg, Img2, element);                       //对腐蚀后的图像进行膨胀运算
    Mat edge=Img2-erodeImg;                                //求图像的边缘信息
    imshow("腐蚀边缘图像",edge);                             //显示边缘图像

    //膨胀图像
    element=getStructuringElement(MORPH_ELLIPSE,Size(5,5));         //获取 5×5 矩阵元素
    Mat dilate;
    dilate(binary, dilate, element);                       //膨胀运算
    namedWindow("dilate 运算", WINDOW_AUTOSIZE);
    imshow("dilate 运算", dilate);                          //显示膨胀图像
    //膨胀之后的图像减去膨胀前的二值图像就是物体的轮廓
    edge=dilate-binary;                                    // 膨胀图像减去二值图像即为边缘图像
    namedWindow("膨胀边缘图像", WINDOW_AUTOSIZE);
    imshow("膨胀边缘图像", edge);                            //显示边缘图像
    waitKey(0);
}
```

程序运行结果如图 4-5 所示。

(a) 原图

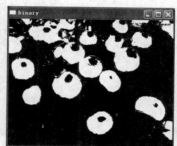
(b) 二值图像

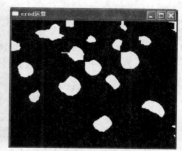
(c) 腐蚀图像

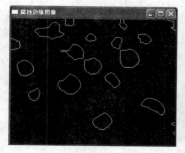
(d) 腐蚀边缘图像

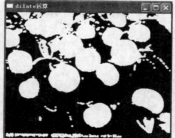
(e) 膨胀图像

(f) 膨胀边缘图像

图 4-5　形态学分割算法运算结果

5. 区域增长的图像分割算法

1) 基于区域增长的图像分割算法

首先，读取一幅图像 quyuzengzhangyuantu0.bmp，对其进行二值化化处理得到二值图像，然后设置 3 个种子像素点，实现基于区域增长的图像分割，得到分割后的结果图像，显示原图像和区域增长图像。

程序如下：

```cpp
#include<iostream>
#include<stack>
#include<opencv2\opencv.hpp>
usingnamespace std;
usingnamespace cv;
// 8 邻域
static Point connects[8] = { Point(-1, -1), Point(0, -1), Point(1, -1), Point(1, 0), Point(1, 1),
                             Point(0, 1), Point(-1, 1), Point(-1, 0)};

int main()
{
    // 原图像
    Mat src = imread("quyuzengzhangyuantu0.bmp", 0);
    namedWindow("原图像",WINDOW_AUTOSIZE);
    imshow("原图像", src);          //显示原图像


    // 结果图
    Mat res = Mat::zeros(src.rows, src.cols, CV_8U);
    // 用于标记是否遍历过某 3 点
    Mat flagMat;
    res.copyTo(flagMat);


    // 二值图像
    Mat bin;
    threshold(src, bin, 80, 255, CV_THRESH_BINARY);          //图像二值化
    // 定义 3 个种子点，并入栈
    stack<Point> seeds;
    seeds.push(Point(0, 0));
    seeds.push(Point(186, 166));
    seeds.push(Point(327, 43));


    //设置前景像素
    res.at<uchar>(0, 0) = 255;
```

```
        res.at<uchar>(166, 186) = 255;
        res.at<uchar>(43, 327) = 255;


        //区域增长
        while(!seeds.empty())
        {
            Point seed = seeds.top();
            seeds.pop();
            // 标记为已遍历过的点
            flagMat.at<uchar>(seed.y, seed.x) = 1;
            // 遍历 8 邻域
            for( inti = 0; i< 8; i++)
            {
                inttmpx = seed.x + connects[i].x;
                inttmpy = seed.y + connects[i].y;
                if (tmpx< 0 || tmpy< 0 || tmpx>= src.cols || tmpy>= src.rows)
                    continue;
                // 判断是否是前景点及是否被标记过
                if (bin.at<uchar>(tmpy, tmpx) != 0 && flagMat.at<uchar>(tmpy, tmpx) == 0)
                {
                    res.at<uchar>(tmpy, tmpx) = 255;
                    // 生长
                    flagMat.at<uchar>(tmpy, tmpx) = 1;
                    // 标记
                    seeds.push(Point(tmpx, tmpy));
                    // 种子压栈
                }
            }
        }
        namedWindow("区域增长结果", WINDOW_AUTOSIZE);
        imshow("原图像", img);          //显示原图像
        imshow("区域增长结果", res);
        imwrite("res.jpg", res);

        waitKey(0);
        return 1;
    }
```

程序运行结果如图 4-6 所示。

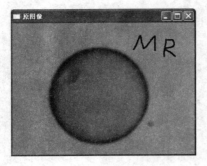

(a) 原图　　　　　　　　　　　　　　(b) 区域增长图像

图 4-6　区域增长图像

2) 基于灰度差的区域增长分割算法

读入一幅图像 quyuzengzhangyuantu0.bmp，首先设置第一个种子像素点及增长的阈值，调用 8 方向的区域增长函数完成第一次的区域增长；然后设置第二个种子像素点及增长的阈值完成第二次区域增长；再将两次区域增长的结果进行合并运算得到最终的基于灰度差的区域增长的分割结果图像并显示。

程序如下：

```cpp
#include<opencv2\opencv.hpp>
#include<opencv2\highgui\highgui.hpp>
#include<opencv2\features2d\features2d.hpp>
#include<opencv2\core\core.hpp>
usingnamespace std;
usingnamespace cv;

void RegionGrowing(Mat srcImg,Mat& dstImg,Point pt,int thre)
{
    Point ptGrowing;                    //生长点像素坐标
    int nGrowLabel=0;                   //是否被标记
    int startPtValue=0;                 //生长起始点灰度值
    int currPtValue=0;                  //当前生长点灰度值

    // 8 邻域
    int mDir[8][2]={{-1,-1}, {0,-1}, {1,-1}, {-1,0}, {1,0}, {-1,1}, {0,1}, {1,1}};

    vector<Point>growPtVec;             //生长点堆栈
    growPtVec.push_back(pt);            //将初始生长点压入堆栈

    Mat markImg=Mat::zeros(srcImg.size(), CV_8UC1);        //标记点
    unsigned char *pData = (unsigned char *)(markImg.data+pt.y*markImg.step);
    pData[pt.x]=255;
```

```
    //标记初始生长点
    startPtValue = ((unsigned char *)(srcImg.data+pt.y*srcImg.step))[pt.x];
    while(!growPtVec.empty())
    {
        Point currPt = growPtVec.back();        //返回当前 vector 最末一个元素
        growPtVec.pop_back();                   //弹出最后压入的数据
        for (inti=0;i<8;i++)
        {
            ptGrowing.x = currPt.x+mDir[i][0];
            ptGrowing.y = currPt.y+mDir[i][1];
            //判断是否是边缘点
            if(ptGrowing.x<0||ptGrowing.y<0 || (ptGrowing.x>srcImg.cols-1) || (ptGrowing.y>srcImg.rows))
                continue;                        //继续执行下一次循环
            //判断是否已被标记
            nGrowLabel=((unsigned char *)(markImg.data+ptGrowing.y*markImg.step))[ptGrowing.x];
            if (nGrowLabel==0)                   //没有被标记
            {
                currPtValue = ((unsigned char *)(srcImg.data+ptGrowing.y*srcImg.step))
                        [ptGrowing.x];
                if (abs(currPtValue-startPtValue)<=thre)
                {
                    ((unsigned char *)(markImg.data+ptGrowing.y*markImg.step))
                        [ptGrowing.x]=255;
                    growPtVec.push_back(ptGrowing);
                }
            }
        }
    }
    markImg.copyTo(dstImg);
}


int main()
{
    Mat srcImg = imread("quyuzengzhangyuantu0.bmp",0);   //读原图像
    if (srcImg.empty())
        printf("image read error");
    namedWindow("原图像",WINDOW_AUTOSIZE);
    imshow("原图像", srcImg);                            //显示原图像
    Mat srcImg1=srcImg.clone();
```

```
        Mat outImg1, outImg2;
        RegionGrowing(srcImg1, outImg1, Point(241, 258), 10);        //调用区域增长函数
        RegionGrowing(srcImg1, outImg2, Point(302, 118), 80);        //调用区域增长函数
        add(outImg1, outImg2, outImg1);                              //合并区域增长结果
        imshow("区域增长分割", outImg1);
        waitKey(0);
        return 0;
    }
```

程序运行结果如图 4-7 所示。

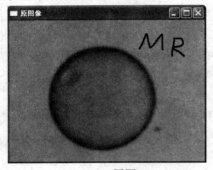
(a) 原图

(b) 区域增长图像

图 4-7　区域增长结果

4.4　实验报告要求

实验报告中应包含以下内容：
(1) 程序流程图。
(2) 各段程序的基本功能。
(3) 程序组成及各函数/模块的基本功能。
(4) 程序清单(手写或打印后粘贴)。
(5) 程序的运行和测试结果(截图)。
(6) 实验中遇到的问题和心得体会。

思　考　题

1. 分析各种边缘检测算子的优缺点。
2. 试一试实现形态学处理的其他方法。
3. 区域增长算法的关键是什么？如何优化区域增长算法？
4. 比较各种分割方法的优缺点并简述它们适合用于何种场合。

第5章 图 像 压 缩

5.1 实 验 目 的

- 掌握图像压缩的基本原理。
- 掌握霍夫曼编码方法。
- 掌握变换编码方法。
- 掌握 JPEG 编码技术及其 OpenCV 实现方法。

5.2 相关基础知识

5.2.1 图像压缩基本原理

数字图像含有大量的信息，表达图像所需的数据量也就很大，这给图像的存储、处理和传输都带来了许多问题。为此，人们试图采用不同的图像表达方法以减少图像的数据量，这个工作常用对图像进行编码的方法来完成，所以常称图像编码为图像压缩。压缩数据量的重要方法是消除数据冗余，从数学的角度来说就是将原始图像转化为从统计的角度看尽可能不相关的数据集。

数据是信息的载体，相同数量的信息可以用不同数量的数据来表示。代表无用信息或重复表示了其他数据已经表示过的信息的数据称为数据冗余。数据冗余是数字图像压缩中的一个重要衡量指标，常用压缩比和冗余度表示。

设 n_1 和 n_2 代表用来表示相同信息的两个数据的容量，那么压缩比 C_R 可以由式(5-1)表示。

$$C_R = \frac{n_1}{n_2} \tag{5-1}$$

这里 n_1 是压缩前的数据量，n_2 是压缩后的数据量。

那么用 n_1 表示的相对冗余度(n_1 相对于 n_2)可以通过式(5-2)来计算。

$$R_D = 1 - \frac{1}{C_R} = \frac{n_1 - n_2}{n_1} \tag{5-2}$$

其中，C_R 的取值范围为 $(0, \infty)$，R_D 的取值范围为 $(-\infty, 1)$。

当 $n_2 = n_1$ 时，$C_R = 1$，$R_D = 0$，表示信息的数据量从 n_1 到 n_2 既没压缩也没放大，n_1 相对于 n_2 不包含冗余。

当 $n_2 \ll n_1$ 时，$C_R \to \infty$，$R_D \to 1$，表示几乎 100% 的压缩和几乎全部的冗余。

当 $n_2 \gg = n_1$ 时，$C_R \to 0$，$R_D \to -\infty$，表示没有压缩，反而是几乎 100% 的放大，当然相对冗余就不存在。这实际上不是数据量的压缩而是放大。

在数字图像中，基本数据冗余主要有三种：编码冗余、像素间冗余和心理视觉冗余。减少或消除其中的一种或多种冗余时，就实现了图像的压缩。

1. 编码冗余

压缩比是描述图像压缩编码性能的一个重要参数。对于给定的图像其数据量就已确定，即式(5-2)中的分子 n_1 已确定。因此，图像压缩后的数据量 n_2 就决定了压缩比。n_2 可以通过式(5-3)来表示。

$$n_2 = L_{\mathrm{avg}} \times n \tag{5-3}$$

其中，n 为图像像素个数，L_{avg} 为平均码字长。

码字是图像编码中每个灰度级的二进制编码值。码字长就是二进制编码值的位数，也就是比特数。平均码字长 L_{avg} 是每个像素所需的平均比特数。

若设图像的灰度级为 k，则 k 出现的概率可以通过式(5-4)来表示。

$$P(k) = \frac{n_k}{n}; \quad k = 0, 1, \cdots, L-1 \tag{5-4}$$

其中，L 为灰度级数，n_k 为第 k 个灰度级在图像中出现的次数(像素个数)，n 为图像的总像素个数。

若每个灰度级 k 的编码长度(码字长)为 $l(k)$，则平均码字长 L_{avg} 可以通过式(5-5)来表示。

$$L_{\mathrm{avg}} = \sum_{k=0}^{L-1} l(k) P(k) \tag{5-5}$$

对于 $M \times N$ 大小的数字图像，压缩编码后所需比特数(数据量)为 $L_{\mathrm{avg}} \times n = MNL_{\mathrm{avg}}$。

编码一般分为定长编码和变长编码。定长编码中每个灰度级(或每个像素)均用 m 位的二进制码表示，此时 $L_{\mathrm{avg}} = l(k) = m$。变长编码中，对 $P(k)$ 大的灰度级赋予短码字，对 $P(k)$ 小的灰度级赋予长码字，即对图像中的不同灰度级采用不同长度的码字表示，此时必然有 $L_{\mathrm{avg}} \leqslant m$。

由此可知，不同的编码方法可能会有不同的 L_{avg}，那么就引出两种编码冗余，即相对编码冗余和绝对编码冗余。前者是指不同的编码方法会形成不同的 L_{avg}，L_{avg} 大的编码相对于 L_{avg} 小的编码就存在相对编码冗余。后者是指若 L_{avg} 的下限 L_{min} 存在，则满足 $L_{\mathrm{avg}} > L_{\mathrm{min}}$ 的编码就存在绝对编码冗余。

2. 像素间冗余

像素间冗余是图像中相邻像素间的相关性所造成的冗余，是静态图像中最主要的一种数据冗余。同一景物表面上采样点的颜色或灰度值之间存在着空间相关性，相邻各点的取值往往相近或者相同，这就是像素间冗余。

通过某种变换来消除像素间的相关性就可以达到消除像素间冗余的目的。其他如空间冗余、几何冗余和帧间冗余等都可归结到像素间的冗余。

3. 心理视觉冗余

人的心理视觉特点即人观察图像是基于目标物特征的而不是像素，这就使得某些信息显得不重要(不必要)，可以忽略，表示这些可忽略信息的数据就称为心理视觉冗余。心理视觉冗余与视觉信息相关，它是因人而异的，不同的人对于同一张照片产生的心理视觉冗余是不同的。去除心理视觉冗余数据必然导致一定量的信息损失，并且该信息损失是不可逆转的。

5.2.2 经典的图像压缩编码方法

图像编码以信息论为基础，用到许多图像处理的概念和技术。根据解码结果对原图像的保真程度，图像编码的方法可分成两大类：信息无损编码和信息有损编码。前者常用于图像的存档，在压缩和解压缩过程中没有信息损失。霍夫曼编码就是一种常见的无损压缩编码方法。后者在图像经过压缩后不能通过解压缩恢复原状，所以用在允许一定信息损失的场合。变换编码就是一种常见的有损压缩编码方法。

1. 霍夫曼编码法

霍夫曼编码法是消除编码冗余最常用的方法之一。它依据数字图像中像素出现的概率来构造平均长度最短的码字，是一种无损编码。霍夫曼编码的基本思路是用变长的码字使冗余量达到最小，即出现频率越高的像素值对应的编码长度越短，反之出现频率越低的像素值对应的编码长度越长，这样就可以达到用尽可能少的编码表示信源数据的目的。

霍夫曼编码的基本方法是：先对图像数据扫描一遍，计算出各种像素出现的概率，按概率的大小指定不同长度的唯一码字，由此得到该图像的霍夫曼码表。编码后的图像数据记录的是每个像素的码字，而码字与实际像素值的对应关系记录在码表中。具体编码的规则如下。

设信源 X 的信源空间表示为

$$[X \cdot P]: \begin{Bmatrix} X: x_1 x_2 \cdots x_N \\ P(X): P(x_1) P(x_2) \cdots P(x_N) \end{Bmatrix} \tag{5-6}$$

其中，$P(x_i)$ 表示信源符号 x_i 出现的概率，$\sum_{i=1}^{N} P(x_i) = 1$，用二进制对信源 X 中的每一个符号 $x_i (i=1, 2, \cdots, N)$ 进行编码。

(1) 将信源符号 x_i 按其出现的概率，由大到小顺序排列；

(2) 将两个最小概率的信源符号进行组合相加，并重复这一步骤，始终将较大的概率分支放在右子树，直到只剩下一个信源符号且概率达到 1.0 为止；

(3) 将每对组合的左子树指定为 1，右子树指定为 0(或相反地，将右子树指定为 0，左子树指定为 1)；

(4) 画出由每个信源符号到概率 1 处的路径，记下沿路径的 1 和 0，所得到的就是该符号的霍夫曼码字。

霍夫曼编码的算法描述如下：

(1) 根据给定的 n 个权值 $\{w_1, w_2, \cdots, w_n\}$ 构造 n 棵二叉树的集合 $F = \{T_1, T_2, \cdots, T_n\}$，其中每棵二叉树 T_i 中只有一个带权为 w_i 的根结点，其左右子树均空；

(2) 在 F 中选取两棵根结点权值最小的树作为左右子树构造一棵新二叉树，将新二叉树的根结点权值置为其左、右子树的根结点权值之和；

(3) 从 F 中删除这两棵树，同时将新得到的二叉树加入 F 中；

(4) 重复(2)和(3)，直到 F 中只含一棵树为止，这棵树便是最优二叉树。

2. 变换编码

统计数据表明，大部分的图像信号在空间域中存在着高度相关性，但是它们经过正交变换以后会产生大量的变换系数，这些变换系数之间的相关性远远低于变换之前像素在空间域上的相关性，而且其能量主要集中在低频部分。变换编码正是利用了图像从空间域转换为频域之后的这些特点，在编码的过程中，去掉了能量分布很少的高频分量，而只对高能量分布的低频分量进行编码。同时，低频分量经过正交变换以后产生的相关性不大的变换系数也给变换编码带来了便利。变换编码只需对这些变换系数进行编码处理。另外，变换编码还可以根据人眼对不同频率分量的敏感程度对不同系数采用不同的量化台阶，以进一步提高压缩比。

常用的正交变换有 DCT(离散余弦变换)、DFT(离散傅里叶变换)、WHT(Walsh Hadama 变换)、HrT(Haar 变换)等。其中，最常用的是离散余弦变换。为了减少像素间冗余，可以采用变换编码，变换编码是一种有损编码。

典型的变换编码的过程为：首先通过发送端将原始图像分割成若干个子图像块，将每个子图像块送入正交变换器中进行正交变换；正交变换器输出的变换系数经过滤波、量化、编码后送到信道，并传输给接收端，接收端再进行解码、逆变换、综合拼接，得到解压缩后的图像，即恢复出原始图像。

变换编码的基本操作步骤如下：

(1) 将输入图像依照具体的要求分割若干子图像块。如果分成 $N \times N$ 的子图像块，为了方便计算，N 一般取 8 或 16。

(2) 选择满足条件要求的变换矩阵 A，对各个子图像块进行正交变换。一般用 Y 表示频域中的图像数据，X 表示空域中 $N \times N$ 的图像子块，则 $Y = AX$。

(3) 选择合适的滤波器进行滤波。

(4) 对滤波后的数据进行合理的采样量化，从而达到数据压缩的目的。但是，量化压缩造成了一定的数据丢失，因此重构时会产生失真。采用合理的采样量化可以让产生的失真最小，即滤波后的数据与量化值的均方误差 $e = E\left[\sum\limits_{i=0}^{N-1}\sum\limits_{j=0}^{N-1}(y_{ij} - \hat{y}_{ij})^2\right]$ 达到最小值，其中 $\hat{y}_{ij}$ 是 y_{ij} 的量化值。

变换编码的性能取决于子图像的大小、正交变换的类型、样本的选择和量化器的设计等因素。

5.2.3　图像压缩技术标准

1. JPEG

JPEG 是常用的图像压缩方法，具有很高的压缩效率。JPEG 压缩是在 DCT 变换域中进行的，DCT 变换可以方便地将图像的低频信息和高频信息分开，以对低频信息和高频信息采用不同的量化系数和编码策略。DCT 变换表示为

$$F(u,v) = c(u)c(v)\sum_{x=0}^{M-1}\sum_{y=0}^{N-1} f(x,y)\cos\left[\frac{(2x+1)u\pi}{2M}\right]\cos\left[\frac{(2y+1)v\pi}{2N}\right] \tag{5-7}$$

其中，$u = 0, 1, \cdots, M-1$；$v = 0, 1, \cdots, N-1$。

DCT 逆变换表示为

$$f(x,y) = c(u)c(v)\sum_{x=0}^{M-1}\sum_{y=0}^{N-1} F(u,v)\cos\left[\frac{(2x+1)u\pi}{2M}\right]\cos\left[\frac{(2y+1)v\pi}{2N}\right] \tag{5-8}$$

其中，$x = 0, 1, \cdots, M-1$；$y = 0, 1, \cdots, N-1$。

式(5-7)、式(5-8)中的 $c(u)$ 和 $c(v)$ 分别为

$$c(u) = \begin{cases} \dfrac{1}{\sqrt{M}}, & u = 0 \\[2mm] \dfrac{2}{\sqrt{M}}, & u = 1, 2, \cdots, M-1 \end{cases} \tag{5-9}$$

$$c(v) = \begin{cases} \dfrac{1}{\sqrt{N}}, & v = 0 \\[2mm] \dfrac{2}{\sqrt{N}}, & v = 1, 2, \cdots, M-1 \end{cases} \tag{5-10}$$

JPEG 图像压缩过程如图 5-1 所示。

图 5-1　JPEG 编码过程

JPEG 解码过程如图 5-2 所示。

图 5-2　JPEG 解码过程

2. JPEG 2000

同 JPEG 技术一样，JPEG 2000 压缩也是在变换域中进行的。JPEG 2000 技术中，采用小波变换技术将图像的低频信息与高频信息分离。经过 N 层二维离散小波变换之后，得到近似小波系数以及水平、垂直和对角小波系数，其中近似小波系数采用较小的量化参数进行量化，而其他小波系数采用较高的量化参数。JPEG 2000 的图像压缩和解压缩过程如图5-3 和图 5-4 所示。

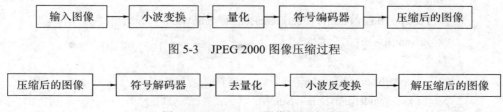

图 5-3　JPEG 2000 图像压缩过程

图 5-4　JPEG 2000 图像解压缩过程

5.3　实　验　内　容

1. 霍夫曼编码

　　首先扫描一遍图像数据，计算出各像素出现的概率，再按概率的大小指定不同长度的唯一码字，由此得到一张该图像的霍夫曼码表，最后根据码表对图像进行编码。

　　选择灰度图像，按照上述原理对其进行霍夫曼编码。

　　程序如下：

```
//全局变量定义
unsigned char *pBmpBuf;      //读入图像数据的指针
int bmpWidth;                //图像的宽
int bmpHeight;               //图像的高
int biBitCount;              //图像类型
char str[100];               //文件名称
int Num[300];                //各灰度值出现的次数
float Feq[300];              //各灰度值出现的频率
unsigned char *lpBuf;        //指向图像像素的指针
int NodeNum;                 //霍夫曼树总节点个数

struct Node{                 //霍夫曼树节点
    int color;               //记录叶子节点的灰度值(非叶子节点为 -1)
    int lson,rson;           //节点的左右子树(若没有则为 -1)
    int num;                 //节点的数值(编码依据)
    int mark;                //记录节点是否被用过(用过为 1，没用过为 0)
}node[600];

//编码函数
void HuffmanCode()
{
    int i;
    for(i = 0; i < 256; i ++)
    {//创建初始节点
        Feq[i] = (float)Num[i] / (float)(bmpHeight * bmpWidth);      //计算灰度值频率
        if(Num[i] > 0)
        {
            node[NodeNum].color = i;
            node[NodeNum].num = Num[i];
            node[NodeNum].lson = node[NodeNum].rson = -1;           //叶子节点无左右子树
```

```
            NodeNum ++;
        }
    }
    while(1)
    {   //找到两个值最小的节点，合并成为新的节点
        a = MinNode();
        if(a == -1)
            break;
        b = MinNode();
        if(b == -1)
            break;
        //构建新节点
        node[NodeNum].color = -1;
        node[NodeNum].num = node[a].num + node[b].num;
        node[NodeNum].lson = a;
        node[NodeNum].rson = b;
        NodeNum ++;
    }


    //主函数
    int main(int argc, char** argv)
    {
        int i, j;
        scanf("%s", str);        //输入要编码图像的名称
        //读入指定 BMP 文件进内存
        char readPath[100];
        strcpy(readPath, str);
        strcat(readPath, ".bmp");
        if(readBmp(readPath))
        {
            int lineByte=(bmpWidth * biBitCount/8+3)/4*4;    //计算位图每行占多少个字节
            if(biBitCount==8)
            {       //计算每个灰度值出现的次数
                for(i = 0; i <bmpHeight; i ++)
                for(j = 0; j <bmpWidth; j ++)
                {
                    lpBuf = (unsigned char *)pBmpBuf + lineByte * i + j;
                                //计算像素值，将其出现次数统计到对应下标数组中
                    Num[*(lpBuf)] += 1;
```

```
            }
        HuffmanCode();          //调用编码函数
        char writePath[100];              //将图像数据存盘
        //保存编码后的 bmp
        strcpy(writePath, str);
        strcat(writePath, "_Huffman.bhd");
        saveBmp(writePath, pBmpBuf, bmpWidth, bmpHeight, biBitCount, pColorTable);
        //保存 Huffman 编码信息和编码树
        strcpy(writePath, str);
        strcat(writePath, "_Huffman.bpt");
        saveInfo(writePath lineByte);
        printf("\n 编码完成! 编码信息保存在 %s_Huffman 文件中\n\n", str);
        }
    }
```

2. DCT 变换编码

变换编码是指从频域的角度减小图像信号的空间相关性,它在降低数码率等方面取得了和预测编码相近的效果。

本实验的主要目的是掌握 DCT 变换编码,通过对原始灰度图像在 DCT 变换中采用区域编码和阈值编码来实现图像压缩。首先,选择一幅图像 lena1.jpg,以灰度方式读入该图像,并将其转换成 double 类型;然后,对原始灰度图像进行 8×8 分块的 DCT 变换,保留 50%的系数,并分别对 DCT 变换后的系数矩阵进行区域编码和阈值编码;最后,对区域编码和阈值编码的结果采用 8×8 分块 DCT 逆变换,恢复出原始图像,显示并比较结果。

程序如下:

```
#include<iostream>
#include<opencv2/opencv.hpp>
usingnamespace std;
usingnamespace cv;

void blkproc_DCT(Mat);          //用于对图像做 8×8 分块 DCT
Mat blkproc_IDCT(Mat);          //用于做 8×8 分块 DCT 逆变换,恢复原始图像
void regionalCoding(Mat);       //区域编码函数
void thresholdCoding(Mat);      //阈值编码函数
double get_medianNum(Mat &);    //获取矩阵的中值,用于阈值编码
#define M_PI 3.141592653

//主函数
int main()
```

```
    {
        Mat ucharImg = imread("lena1.jpg", 0); //以灰度图的形式读入原始的图像
        imshow("srcImg", ucharImg);
        Mat doubleImg;

        //将原始图像转换成 double 类型的图像，方便后面的 8×8 分块 DCT 变换
        ucharImg.convertTo(doubleImg, CV_64F);

        blkproc_DCT(doubleImg);  //对原图像做 8×8 分块 DCT 变换

        //分别进行区域编码和阈值编码
        Mat doubleImgRegion, doubleImgThreshold;
        doubleImgRegion = doubleImg.clone();
        doubleImgThreshold = doubleImg.clone();
        regionalCoding(doubleImgRegion);      //对 DCT 变换进行区域编码,保留 50%的系数
        thresholdCoding(doubleImgThreshold); //对 DCT 变换进行阈值编码,保留 50%系数

        //DCT 变换，显示区域解码图像
        Mat ucharImgRegion, ucharImgThreshold;
        ucharImgRegion = blkproc_IDCT(doubleImgRegion);
        imshow("RegionalCoding", ucharImgRegion);
        //DCT 变换，显示阀值解码图像
        ucharImgThreshold = blkproc_IDCT(doubleImgThreshold);
        imshow("ThresholdCoding", ucharImgThreshold);
        waitKey(0);
    }


//以下函数用于对图像做 8×8 分块 DCT
void blkproc_DCT(Mat doubleImgTmp)
{
    Mat ucharImgTmp;
    Mat DCTMat = Mat(8, 8, CV_64FC1);          //用于 DCT 变换的 8×8 的矩阵
    Mat DCTMatT;  //DCTMat 矩阵的转置
    Mat ROIMat = Mat(8, 8, CV_64FC1);          //用于分块处理的时候在原图像上面移动
    double a = 0, q;  //DCT 变换的系数
    for (int i = 0; i<DCTMat.rows; i++)
    {
        for (int j = 0; j <DCTMat.cols; j++)
        {
```

```
                    if (i == 0)
                    {
                        a = pow(1.0 / DCTMat.rows, 0.5);
                    }
                    else
                    {
                        a = pow(2.0 / DCTMat.rows, 0.5);
                    }
                    q = ((2 * j + 1)*i*M_PI) / (2 * DCTMat.rows);
                    DCTMat.at<double>(i, j) = a*cos(q);
                }
        }
        DCTMatT = DCTMat.t();
        /*
        ROIMat 移动的步长为 8，若图片的高或者宽不是 8 的整数倍的话，
        最后的不足 8 的部分不进行处理
        */
        int rNum = doubleImgTmp.rows / 8;
        int cNum = doubleImgTmp.cols / 8;
        for (int i = 0; i<rNum; i++)
        {
            for (int j = 0; j <cNum; j++)
            {
                ROIMat = doubleImgTmp(Rect(j * 8, i * 8, 8, 8));
                ROIMat = DCTMat*ROIMat*DCTMatT;
            }
        }
        //DCT 逆变换，显示变换后的图像
        doubleImgTmp.convertTo(ucharImgTmp, CV_8U);
        imshow("DCTImg", ucharImgTmp);
    }


//以下函数用于做 8×8 分块 DCT 逆变换，恢复原始图像
Mat blkproc_IDCT(Mat doubleImgTmp)
{
    /*
    与 blkproc_DCT 几乎一样，唯一的差别在于 ROIMat = DCTMatT*ROIMat*DCTMat(转置
    矩阵 DCTMatT 和 DCTMat 交换了位置)
    */
```

```
        Mat ucharImgTmp;
        Mat DCTMat = Mat(8, 8, CV_64FC1);
        Mat DCTMatT;
        Mat ROIMat = Mat(8, 8, CV_64FC1);
        double a = 0, q;
        for (int i = 0; i<DCTMat.rows; i++)
        {
            for (int j = 0; j <DCTMat.cols; j++)
            {
                if (i == 0)
                {
                    a = pow(1.0 / DCTMat.rows, 0.5);
                }
                else
                {
                    a = pow(2.0 / DCTMat.rows, 0.5);
                }
                q = ((2 * j + 1)*i*M_PI) / (2 * DCTMat.rows);
                DCTMat.at<double>(i, j) = a*cos(q);
            }
        }
        DCTMatT = DCTMat.t();
        intrNum = doubleImgTmp.rows / 8;
        intcNum = doubleImgTmp.cols / 8;
        for (int i = 0; i<rNum; i++)
        {
            for (int j = 0; j <cNum; j++)
            {
                ROIMat = doubleImgTmp(Rect(j * 8, i * 8, 8, 8));
                ROIMat = DCTMatT*ROIMat*DCTMat;
            }
        }
        doubleImgTmp.convertTo(ucharImgTmp, CV_8U);
        returnucharImgTmp;
}


//区域编码函数
void regionalCoding(Mat doubleImgTmp)
{
```

```
        int rNum = doubleImgTmp.rows / 8;
        int cNum = doubleImgTmp.cols / 8;
        Mat ucharImgTmp;
        Mat ROIMat = Mat(8, 8, CV_64FC1);    //用于分块处理的时候在原图像上面移动
        for (int i = 0; i<rNum; i++)
        {
            for (int j = 0; j <cNum; j++)
            {
                ROIMat = doubleImgTmp(Rect(j * 8, i * 8, 8, 8));
                for (int r = 0; r <ROIMat.rows; r++)
                {
                    for (int c = 0; c <ROIMat.cols; c++)
                    {
                        //8 × 8 块中，后四行置 0
                        if (r>4)
                        {
                            ROIMat.at<double>(r, c) = 0.0;
                        }
                    }
                }
            }
        }
        doubleImgTmp.convertTo(ucharImgTmp, CV_8U);
        imshow("regionalCodingImg", ucharImgTmp);
    }


    //阈值编码函数
    void thresholdCoding(Mat doubleImgTmp)
    {
        int r Num = doubleImgTmp.rows / 8;
        int cNum = doubleImgTmp.cols / 8;
        double medianNumTmp = 0;
        Mat ucharImgTmp;

        Mat ROIMat = Mat(8, 8, CV_64FC1);    //用于分块处理的时候在原图像上面移动
        for (inti = 0; i<rNum; i++)
        {
            for (int j = 0; j <cNum; j++)
            {
```

```
                    ROIMat = doubleImgTmp(Rect(j * 8, i * 8, 8, 8));
                    medianNumTmp = get_medianNum(ROIMat);
                    for (int r = 0; r <ROIMat.rows; r++)
                    {
                          for (int c = 0; c <ROIMat.cols; c++)
                          {
                                if (abs(ROIMat.at<double>(r,c))<0)
                                {
                                      ROIMat.at<double>(r, c) = 0;
                                }
                          }
                    }
             }
      }

      doubleImgTmp.convertTo(ucharImgTmp, CV_8U);
      imshow("thresholdCodingImg", ucharImgTmp);
}


//获取矩阵的中值，用于阈值编码
doubleget_medianNum(Mat &imageROI)      //获取矩阵的中值
{
      vector<double>vectorTemp;
      doubletmpPixelValue = 0;
      for (int i = 0; i<imageROI.rows; i++)     //将感兴趣的区域矩阵拉成一个向量
      {
             for (int j = 0; j <imageROI.cols; j++)
             {
                    vectorTemp.push_back(abs(imageROI.at<double>(i, j)));
             }
      }
      for (int i = 0; i<vectorTemp.size() / 2; i++)      //进行排序
      {
             for (int j = i + 1; j <vectorTemp.size(); j++)
             {
                    if (vectorTemp.at(i) > vectorTemp.at(j))
                    {
                          double temp;
                          temp = vectorTemp.at(i);
```

```
                        vectorTemp.at(i) = vectorTemp.at(j);
                        vectorTemp.at(j) = temp;
                    }
                }
            }
            return vectorTemp.at(vectorTemp.size() / 2 - 1);    //返回中值
        }
```

程序运行结果如图 5-5 所示。

(a) 原始灰度图

(b) 原图 DCT 变换

(c) DCT 区域编码图像

(d) DCT 阈值编码图像

(e) 区域解码图像

(f) DCT 阈值解码图像

图 5-5　变换编码的实验结果

3. JPEG 编码

本实验目的是掌握图像的 JPEG 编码方法。首先，读取一幅图像 lena2.png，然后采用编码函数 imencode 对其进行 jpg 编码，再采用解码函数 imdecode 将编码结果解码为 png 编码图像，分别显示原始图像和 jpg 编码图像。该实验主要用到两个函数：编码函数 imencode 和解码函数 imdecode。

程序如下：

```
#include"stdafx.h"
#include<iostream>
#include<fstream>
#include<cv.h>
#include<highgui.h>
usingnamespace std;
usingnamespace cv;

double getPSNR(Mat& src1, Mat& src2, int bb=0);

int main(intargc, char** argv)
{    //输出原图相关信息
    Mat src = imread("lena2.png ");
    cout<<"origin image size: "<<src.dataend-src.datastart<<endl;
    cout<<"height: "<<src.rows<<endl<<"width: "<<src.cols<<endl
        <<"depth: "<<src.channels()<<endl;
    cout<<"height*width*depth: "<<src.rows*src.cols*src.channels()<<endl<<endl;
    // JPEG 编码
    vector<uchar> buff;                     //输出缓存 buff
    vector<int> param = vector<int>(2);
    param[0]=CV_IMWRITE_JPEG_QUALITY;
    param[1]=95;                            // 0~100 之间，默认选 95
    imencode(".jpg", src, buff, param);
    cout<<"coded file size(jpg): "<<buff.size()<<endl; //改变 buff 大小以适应数据
    Mat jpegimage = imdecode(Mat(buff), CV_LOAD_IMAGE_COLOR);

    //PNG 编码
    param[0]=CV_IMWRITE_PNG_COMPRESSION;
    param[1]=3;       // 0~9 之间，默认选 3
    imencode(".png", src, buff,param);
    cout<<"coded file size(png): "<<buff.size()<<endl;
    Mat pngimage = imdecode(Mat(buff), CV_LOAD_IMAGE_COLOR);
```

```
//显示 JPEG 编码效果
char name[64];
namedWindow("jpg");
int q=95;
createTrackbar("quality", "jpg", &q, 100);
int key = 0;
while(key!='q')
{
    param[0]=CV_IMWRITE_JPEG_QUALITY;
    param[1]=q;
    imencode(".jpg", src, buff, param);
    Mat show = imdecode(Mat(buff), CV_LOAD_IMAGE_COLOR);

    double psnr = getPSNR(src, show);                    //得到 PSNR
    double bpp = 8.0*buff.size()/(show.size().area());   //位/像素
    sprintf(name, "quality:%03d, %.1fdB, %.2fbpp", q, psnr, bpp);
    putText(show, name, Point(15, 50),
    FONT_HERSHEY_SIMPLEX, 1, CV_RGB(255,255,255),2);
    imshow("jpg", show);
    key = waitKey(33);
    if(key =='s')
    {
        //写数据
        sprintf(name,"q%03d_%.2fbpp.png",q,bpp);
        imwrite(name,show);

        sprintf(name,"q%03d_%.2fbpp.jpg",q,bpp);
        param[0]=CV_IMWRITE_JPEG_QUALITY;
        param[1]=q;
        imwrite(name,src,param);;
    }
}
double getPSNR(Mat& src1, Mat& src2, int bb)   //计算 PSNR 峰值信噪比
{
    int i, j;
    double sse, mse, psnr;
    sse = 0.0;
```

```
    Mat s1, s2;
    cvtColor(src1, s1 ,CV_BGR2GRAY);
    cvtColor(src2, s2, CV_BGR2GRAY);
    int count=0;
    for(j=bb; j<s1.rows-bb; j++)
    {
        uchar* d=s1.ptr(j);
        uchar* s=s2.ptr(j);
        for(i=bb; i<s1.cols-bb; i++)
        {
            sse += ((d[i] - s[i])*(d[i] - s[i]));
            count++;
        }
    }
    if(sse == 0.0 || count==0)
    {
        return 0;
    }
    else
    {
        mse =sse /(double)(count);
        psnr = 10.0*log10((255*255)/mse);
        returnpsnr;
    }
}
```

程序运行结果如图 5-6 所示。

　　(a) 原始图像　　　　　　　　　(b) jpg 编码图像

图 5-6　JPEG 编码试验

5.4　实验报告要求

实验报告中应包含以下内容:

(1) 程序流程图。

(2) 各段程序的基本功能。

(3) 程序组成及各函数/模块的基本功能。

(4) 程序清单(手写或打印后粘贴)。

(5) 程序的运行和测试结果(截图)。

(6) 实验中的问题和心得体会。

思　考　题

　　预测编码也可以消除像素间冗余。预测编码根据某一种模型,利用以往的样本值对新样本值进行预测,然后将样本的实际值与其预测值相减得到一个误差值,对这一误差值进行编码,以达到压缩数据的目的。计算预测值的像素可以是同一扫描行的前几个像素,或者是前几行上的像素,也可以是前几帧的邻近像素。实际应用预测器时,并不是利用数据源的某种确定型数学模型,而是基于估计理论、现代统计学理论设计预测器。自学预测编码的基本原理,试编写程序实现预测编码和解码过程,并给出相应的程序代码和截图。

第6章　图　像　采　集

6.1　实　验　目　的

- 了解图像采集原理。
- 掌握用摄像机进行图像采集的方法。

6.2　相关实验环境设施介绍

　　图像采集试验由硬件环境加上软件配置共同完成，其中硬件包括摄像机、传送带、传送带速度控制按钮及安装在计算机主机的图像采集卡；软件配置包括 VS2010、OpenCV 及摄像机控制软件。摄像机采集到图像后，通过 USB 串行接口将图像传送给计算机主机，计算机主机利用 VS2010 与 OpenCV 构成的软件平台完成对图像的相关处理。

　　实验采用的摄像机是 OK 摄像机，如图 6-1 所示。它是一种高精度逐行扫描的黑-白摄像机，它的 CCD 芯片尺寸为 2/3 英寸。摄像机由控制软件通过 USB 串行接口来设置其工作模式、主时钟、亮度、对比度、Gamma 校正、曝光时间等工作状态，可用于采集静止物体与运动物体的图像。图 6-2 所示为摄像机工作模式的设置界面。

图 6-1　摄像机

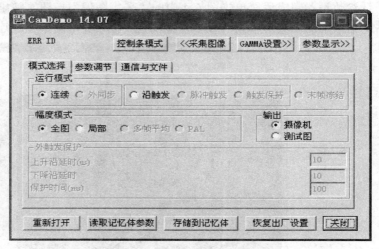

图 6-2　OK 摄像机工作模式设置

　　在图 6-2 所示对话框窗口，单击"通信与文件"选项卡，在"选择端口"下拉列表中选择 USB1，即选择摄像机与计算机之间的通信方式是采用 USB 接口进行通信，如图 6-3 所示。

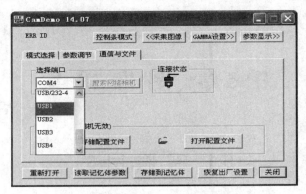

图 6-3　设置摄像机与计算机之间的通信方式

连接成功后，"连接状态"会变为绿色并弹出如图 6-4 所示的对话框。在对话框中对摄像机参数进行设置，包括"曝光时间"和"工作模式"。

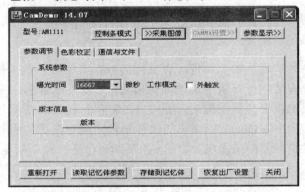

图 6-4　图像采集参数设置

参数设置完成后，单击图 6-4 中的"采集图像"按钮，弹出对话框如图 6-5 所示。单击对话框中的"采集单帧"或"采集视频"按钮完成对单帧或连续图像的采集。

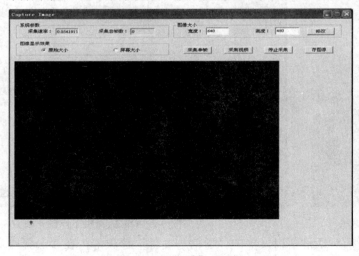

图 6-5　图像采集对话框

经过上述操作即可完成对摄像机的设置和测试操作，确定摄像机处于正常工作状态。

6.3 实 验 内 容

将一幅图片固定在摄像机下方的传送带上，打开调速按钮开关和 LED 光源的开关，旋转调速按钮使传送带转动起来；利用 OK 摄像机采集一段图片移动的视频，图像采集对话框如图 6-5 所示，在 videoplay 视频窗口显示捕获的视频，以 avi 格式保存该视频。停止传送带，将图片置于摄像机镜头中，拍摄一幅图像并将此图像以 jpg 文件格式保存在指定目录下。

(1) 定义 GetImage 类，声明两个成员函数 GetImgFromCamera()和 GetVideFromCamera()，读取保存影像和图像。

程序如下：

```
#pragma once
#include <iostream>
#include "opencv\highgui.h"
#include"cv.h"
#include "cxcore.h"
using namespace cv;
using namespace std;
class GetImage
{
    public:
      GetImage();
      ~GetImage();
      void GetImgFromCamera();        //成员函数名
      void GetVideFromCamera();       //成员函数名
    private:

};
```

(2) 主程序分别调用两个成员函数 GetVideFromCamera()和 GetImgFromCamera()，完成视频文件和图像文件的获取。

程序如下：

```
#include <iostream>
#include <opencv2/opencv.hpp>
#include "GetImage.h"
using namespace std;
using namespace cv;
int main()
{
```

```
        Mat frame;
        GetImage getImage;
         cout <<"choose     1 视频,  2 图像"<< endl;
        int k;
         cin>>k;      //1 视频,  2 图像
        switch(k)
        {
            case 1:
                    getImage.GetVideFromCamera();
                    break;
            case 2:
                    getImage.GetImgFromCamera();
                    break;
            default :
                    cout <<" choose error"<<endl;
                break;
        }
        waitKey();
         return 0;
    }
```

(3) 成员函数 GetVideFromCamera()从摄像头采集一段视频,以视频文件形式存储在项目文件夹下,命名为 test.avi。

程序如下:

```
        void GetImage::GetVideFromCamera()
        {
            VideoCapture cap(0); //开启摄像头
            if (cap.isOpened())
             cout <<"camera is opened"<< endl;
            else
            cout <<"camera is not opened"<< endl;
            //设置摄像头分辨率 640 × 480 dpi,帧率 30 f/s
            cap.set(CV_CAP_PROP_FRAME_HEIGHT, 480);
            cap.set(CV_CAP_PROP_FRAME_WIDTH, 640);
            cap.set(CV_CAP_PROP_FPS, 30.0);
            /*保存视频文件为 test.avi,编码为 FLV1 ,这里需要注意如果项目文件中没有加入
opencv_ffmpeg200.lib 库,程序运行后无法保存编码为 FLV1 的视频文件"test.avi",加入 lib 库的方法可
参见第 1 章相关内容
            */
            VideoWriter writer("test.avi",CV_FOURCC('F','L', 'V', '1'),30, Size(640,480),true);
```

```
//通过总帧数控制拍摄时间，如果为 5 s 的视频，循环 5 × 30 次；
    Mat videoPlay;
    int count = 150;
    namedWindow("videoplay", WINDOW_NORMAL);
    while (count)
    {
        cap >> videoPlay;          //摄像机获取视频
        writer << videoPlay;
        //视频显示窗口
        imshow("videoplay", videoPlay);
        waitKey(30);
        count --;
    }
    writer.release();
    cap.release();
    destroyWindow("videoplay");
}
```

图 6-6 为 videoplay 窗口所显示的捕获的视频图像。

图 6-6　视频图像

(4) 成员函数 GetImgFromCamera()从摄像机采集一幅图像并以 "Pic1.jpg" 为名保存在项目文件夹下。

程序如下：

```
void GetImage::GetImgFromCamera()
{
    VideoCapture cap(0);//开启摄像头
    if (cap.isOpened())
     cout <<"camera is opened"<< endl;
    else
       cout <<"camera is not opened"<< endl;
```

```
Mat frame;
while (1)
{
    Mat frame;
    string filename="Pic1";
    cap >> frame;                              //读入一幅图像
    imshow("监控", frame);
    if (waitKey(50) == 32)                     //判别是否为空格键
    {
        cap >> frame;
        imwrite (filename+".jpg", frame);      //写图像文件 Pic1.jpg
        break;
    }
}
cap.release();
}
```

6.4　实验报告要求

实验报告中应包含以下内容：
(1) 程序流程图。
(2) 简述 OK 摄像机的使用方法。
(3) 各段程序的基本功能。
(4) 程序组成及各函数/模块的基本功能。
(5) 程序清单(手写或打印后粘贴)。
(6) 程序的运行和测试结果(截图)。
(7) 实验中的问题和心得体会。

思　考　题

1. 有哪些常用的视频编码？
2. VS2010 环境下，如何安装视频编码对应的 OpenCV 编码库？

第 7 章　静态视频监视下运动目标的检测

7.1　实　验　目　的

- 掌握帧间差法对运动目标的检测。
- 掌握背景减除法对运动目标的检测。
- 掌握阈值设定、区域增长法解决运动目标的提取问题。

7.2　相关基础知识

视频监控系统发展迅速，对监控要求越来越高，仅靠人力监控无法完成大量的工作，这就要求现代监控系统能够实现监控中运动目标的智能检测与识别。

所谓运动目标检测，就是在视频中实时地发现并提取运动目标，不断跟踪它们，并计算出这些目标的运动轨迹。

视频监视中常见的运动目标检测算法主要有相邻帧间差的算法、背景减除法和光流法，其中，相邻帧间差法包括帧间差法和三帧差法。下面分别介绍相邻帧间差法和背景减除法对运动目标的检测。

7.2.1　相邻帧间差法

摄像机采集的视频序列具有连续性的特点，如果场景内没有运动目标，则连续帧的变化很微弱；如果存在运动目标，则连续的帧与帧之间会有明显的变化。

在序列图像中，通过逐像素比较可直接求取前后两帧或多帧图像之间的像素差别，简称帧差。假设照明条件在多帧图像间基本不变化，那么两图像的帧差不为零就表明该处的像素发生了移动（需注意，帧差为零处的像素也可能发生了移动）。换句话说，对时间上相邻或相近的两幅图像求帧间的像素差就可以将图像中运动目标的位置和形状突显出来。下面具体描述相邻帧间差法中的帧间差法和三帧差法。

1. 帧间差法

由于场景中的目标在运动，目标的影像在不同图像帧中的位置不同。帧间差算法对时间上连续的两帧图像进行差分运算，不同帧对应的像素点相减，判断灰度差的绝对值，当绝对值超过一定阈值时，即可判断为运动目标，从而实现目标的检测功能。

通过直接比较相邻帧对应像素点灰度值的不同，然后通过选取阈值来提取序列图像中的运动区域。在序列图像中，第 $n-1$ 帧图像 $f_{n-1}(x, y)$ 和第 n 帧图像 $f_n(x, y)$ 之间的变化可用

二值差分图像 $D_n(x, y)$ 表示如下：

$$D_n(x, y) = |f_n(x, y) - f_{n-1}(x, y)| \tag{7-1}$$

阈值处理函数表示为：

$$R'_n(x, y) = \begin{cases} 1, & D_n(x, y) > T \\ 0, & 其他 \end{cases} \tag{7-2}$$

式(7-2)中，T 为帧间差法图像二值化的阈值。二值图像中为"1"的部分由前后两帧对应像素灰度值发生变化的部分组成，通常包括运动目标和噪声；为"0"的部分由前后两帧对应像素灰度值不发生变化的部分组成。

阈值 T 的选择非常重要。如果阈值 T 的值太小，则无法抑制帧间差法图像中的噪声；如果阈值 T 的值太大，又有可能掩盖运动目标的部分信息。

通过对二值图像进行连通性分析，得到函数 R_n。对函数 R_n 进行判别，最终获取图像特征。

帧间差法流程如图 7-1 所示。

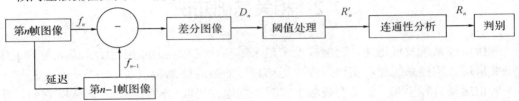

图 7-1　帧间差法流程图

2. 三帧间差法

帧间差分法适用于目标运动较为缓慢的场景，当目标运动较快时，目标在相邻帧图像上的位置相差较大，两帧图像相减后并不能得到完整的运动目标，因此，人们在两帧差分法的基础上提出了三帧差分法，它可以减弱帧间差法的"双影"现象。

三帧差分法的运算过程如图 7-2 所示，视频序列中第 $n+1$ 帧、第 n 帧和第 $n-1$ 帧的图像分别为 f_{n+1}、f_n 和 f_{n-1}，三帧对应像素点的灰度值记为 $f_{n+1}(x, y)$、$f_n(x, y)$ 和 $f_{n-1}(x, y)$，按照式(7-3)和式(7-4)分别得到差分图像 D_{n+1} 和 D_n，对差分图像 D_{n+1} 和 D_n 按照式(7-5)进行与运算，得到图像 D_n'，然后再进行阈值处理、连通性分析，最终提取出运动目标。

$$D_{n+1} = |f_{n+1}(x, y) - f_n(x, y)| \tag{7-3}$$

$$D_n = |f_n(x, y) - f_{n-1}(x, y)| \tag{7-4}$$

$$D_n'(x, y) = D_{n+1} \cap D_n \tag{7-5}$$

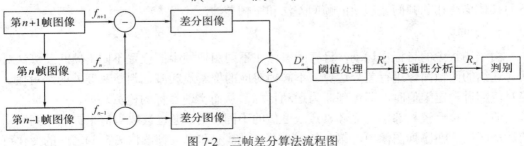

图 7-2　三帧差分算法流程图

7.2.2　背景减除法

基于统计模型的背景减除法通过统计的方法获得背景的更新。具体来说就是对一系列帧的对应位置进行统计，出现最多的像素被认为是背景点。由于采用的误差、光照的变化等因素，同一个位置两次采样得到的像素不可能完全相同。实际上只要两个像素相差在一定范围内就被认为是相等的像素。背景减除法的基本思想是计算每个像素的平均值作为它的背景模型。检测当前帧时，只需要将当前帧像素值 $I(x, y)$ 减去背景模型中相同位置像素的平均值 $u(x, y)$，得到差值 $d(x, y)$：

$$d(x, y) = I(x, y) - u(x, y)$$

将 $d(x，y)$ 与一个阈值 T 进行比较，那么得到输出图像的值如下：

$$\text{output}(x, y) = \begin{cases} 1, & |\&\&\&d(x, y)| > T \\ 0, & \text{其他} \end{cases}$$

背景减除算法面临的挑战是在将背景和前景分离时，提取的真实前景同时会包含部分背景与噪声信息。噪声产生的主要原因是通过背景建模无法将所有的前景与背景像素区分开，提取的运动前景包含了运动目标的同时也包含了其他信息。如图 7-3 所示为背景减除法的流程图，比较当前图像与背景图像的对应像素点的灰度值，如果差别很大，则认为当前图像像素点为运动目标，否则认为是背景像素点。由于背景图像的动态变化，需要通过序列帧间信息来确定是否更新背景图像。

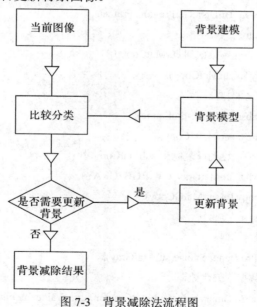

图 7-3　背景减除法流程图

7.3　实　验　内　容

本实验通过运动目标检测、运动目标分割以及运动目标识别实现对运动目标的监控，完成静态视频监视下运动目标检测的功能。

1. 运动目标检测

对图像求差的方法可以检测出图像中目标的运动信息，这部分实验重点实现了帧差法和背景减除法。帧差法包括帧间差法和三帧间差法。背景减除法是基于统计的背景减除法，设定 50 帧进行一次背景更新(背景更新计算量大，对硬件要求高)。

2. 目标分割

对检测到的图像进行二值化预处理后，采用区域生长法对目标图像进行分割，获得目标图像。

3. 目标识别

本实验中，当运动目标的面积大于设定的阈值时就认为是有物体出现，在监控页面上出现提示。

1) 帧间差分消息处理函数

程序如下：

```
//帧间差分消息处理函数
LRESULT CVideoProcessDlg::OnTwoFrame(WPARAM wParam, LPARAM lParam)
{
    //获取当前帧视频数据、前一帧视频数据
    Mat curFrame=m_BitData.GetCurrentFrame();
    Mat preFrame=m_BitData.GetPreviousFrame();
    Mat curMatCopy;
    //复制当前帧的视频数据到 curMatCopy 中
    curFrame.copyTo(curMatCopy);
    //两个视频帧之间相减
    Mat subMat=abs(curFrame-preFrame);
    Mat subMatGray, subMatGCopy;
    //将图像转换为灰度图，复制到 subMatCopy 中
    cvtColor(subMat,subMatGray, CV_RGB2GRAY);
    subMatGray.copyTo(subMatGCopy);
    if(m_pronoise)
        //对灰度数据降噪
        m_ImagePro.ReduceNoise(subMatGray);
        //继续对数据二值化处理
        m_ImagePro.BinaryValue(subMatGray, m_thresValue, m_binMethod);
        //标记采用区域增长方法分割的图像
        m_ImagePro.MarkMovingRegion(subMatGray, curMatCopy);
        //显示差分处理过的图像
        m_im_extr.ShowImage(subMatGray);
    if(m_mark)
```

```
//调用 OnResult 消息处理函数
SendMessage(UM_RESULT);
return TRUE;
}
```

帧间差法的程序运行结果如图 7-4 所示，可以看出图像有分离现象，不完整。

图 7-4　帧间差法获取运动目标图像

2）三帧间差分消息处理函数

程序如下：

```
//三帧间差分消息处理函数
LRESULT CVideoProcessDlg::OnThreeFrame(WPARAM wParam,LPARAM lParam)
{
    //获取当前帧、前一帧、前一帧的前一帧数据
    Mat curFrame=m_BitData.GetCurrentFrame();
    Mat preFrame=m_BitData.GetPreviousFrame();
    Mat prepreFrame=m_BitData.GetPrePreFrame();
     //复制当前帧到 curMatCopy
    Mat curMatCopy;
    curFrame.copyTo(curMatCopy);
    //两帧差
    Mat subMat1=abs(curFrame-preFrame);
    Mat subMat2=abs(preFrame-prepreFrame);
    Mat subMatGray1,subMatGray2;
    //将图像转换为灰度图
    cvtColor(subMat1, subMatGray1, CV_RGB2GRAY);
    cvtColor(subMat2, subMatGray2, CV_RGB2GRAY);
    if(m_pronoise)
    {
        //灰度图像进行降噪处理
```

```
        m_ImagePro.ReduceNoise(subMatGray1);
        m_ImagePro.ReduceNoise(subMatGray2);
    }


    //灰度图像二值化处理
    m_ImagePro.BinaryValue(subMatGray1, m_thresValue);
    m_ImagePro.BinaryValue(subMatGray2, m_thresValue);
    Mat threeFrameSub, threeFrameSCopy;
    //两二值图像相与操作，操作结果复制到 threeFrameSCopy
    m_ImagePro.And(subMatGray1 ,subMatGray2, threeFrameSub);
    threeFrameSub.copyTo(threeFrameSCopy);
    if(m_pronoise)
        m_ImagePro.ReduceNoise(threeFrameSub);
    //直接设阈值，将图像二值化处理
            m_ImagePro.BinaryValue(threeFrameSub,m_thresValue,m_binMethod);


    //标记采用区域增长方法分割的图像
    m_ImagePro.MarkMovingRegion(threeFrameSub,curMatCopy);
    //显示三帧差法结果图像
    m_im_extr.ShowImage(threeFrameSub);
    if(m_mark)
        SendMessage(UM_RESULT);
    return TRUE;
}
```

三帧差法的程序运行结果如图 7-5 所示，可以看出图像分离现象有所改善。

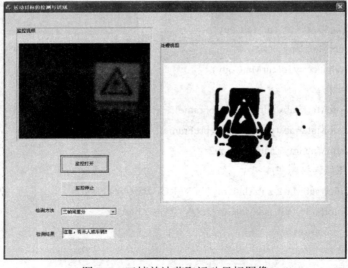

图 7-5 三帧差法获取运动目标图像

　　三帧差法消除了双影，但也会有空洞现象。另外，背景如果发生变化，帧间差法和三帧间差法无法改变调整，可采用基于统计的背景减除法来实现。

3) 基于统计的背景减除消息处理函数

主代码如下：

```
//基于统计的背景减除消息处理函数
LRESULT CVideoProcessDlg::OnBackStatistics(WPARAM wParam, LPARAM lParam)
{
    Mat backGroundMat;
    //使用动态背景减除法
    backGroundMat = m_BitData.GetBackGroByStatistics();
    //获得当前帧图像，复制图像到 curMatCopy
    Mat curFrame = m_BitData.GetCurrentFrame();
    Mat curMatCopy;
    curFrame.copyTo(curMatCopy);
    //当前帧图像减去图像(动态背景减除法获取)的绝对值
    Mat subMat=abs(curFrame-backGroundMat);
    Mat subMatGray,subMatGCopy;
    // 将帧差图像灰度化处理，复制图像到 subMatGCopy
    cvtColor(subMat,subMatGray, CV_RGB2GRAY);
    subMatGray.copyTo(subMatGCopy);
    if(m_pronoise)
    {    //降噪
        m_ImagePro.ReduceNoise(subMatGray);
    }
    //直接阈值法对图像数据二值化处理
    m_ImagePro.BinaryValue(subMatGray, m_thresValue, m_binMethod);
    //标记采用区域增长方法分割的图像
    m_ImagePro.MarkMovingRegion(subMatGray, curMatCopy);
    //显示区域增长方法分割后的图像
    m_im_extr.ShowImage(subMatGray);
    if(m_mark)
    {
        SendMessage(UM_RESULT);
    }
    return TRUE;
}
```

统计动态背景减除代码如下：

```
//统计动态背景减除
Mat CBitData::GetBackGroByStatistics()
```

```
{
    //累计帧数小于 50 帧，调用 GetStartFrame()函数
    if(m_sum<SAVENUM) return GetStartFrame();
    //帧数是 50 的倍数
    if(m_sum%(SAVENUM) == 0)
    {   //背景图像行数、列数
        int row = m_backGroundImage.rows;
        int col = m_backGroundImage.cols;
        int length = row*col;
        //获取当前帧，IplImage->Mat
        IplImage curImage = GetCurrentFrame();
        Mat    curMat(&curImage,true);
        //当前图像矩阵三通道元素赋值 pCurMat
        Vec3b *pCurMat = curMat.ptr<Vec3b>(0, 0);
        //当前背景图像三通道元素赋值 pBackData
        Vec3b *pBackData=m_backGroundImage.ptr<Vec3b>(0, 0);
        //遍历图像
        for(int j=0; j<length; j++)
        {
            int sum=0;
            CPixelContianer pixelCon[SAVENUM];    //50 帧图像数据
            //判别当前图像与背景图像像素是否相似
            if(!CPixelContianer::IsEqual(*(pCurMat+j),*(pBackData+j)))
            {   //不相似，遍历提取
                for(int i=0; i<SAVENUM; i++)
                {
                    //取某帧图像三通道元素赋值 pData
                    Vec3b *pData=(*(m_pMat+i)).ptr<Vec3b>(0, 0);
                    int k=0;
                    for(; k<sum; k++)
                    {   //统计图像帧 pData+j 与其他帧是否相似
                        if((*(pixelCon+k)).IsEqual(*(pData+j)))
                        {    //统计值大于 SAVENUM/2 则更新背景
                            if(++(*(pixelCon+k)).m_count > SAVENUM/2)
                                goto Loop;
                            break;
                        }
                    }
                    if(k==sum)   // m_count++统计数据帧
```

```
                {
                    (*(pixelCon+sum)).m_pixel=*(pData+j);
                    (*(pixelCon+sum)).m_count++;
                    sum++;
                }
            }
        //更新背景
        Loop:  int max=0, index=0;
                //遍历数据帧，找到对应数据帧等新背景帧
            for(int count=0; count<sum; count++)
                if((*(pixelCon+count)).m_count>max)
                {
                    max=(*(pixelCon+count)).m_count;
                    index=count;
                }
            //更新背景数据帧
            *(pBackData+j)=(*(pixelCon+index)).m_pixel;
        }
    }
}
    return m_backGroundImage;
}
```

　　基于统计的动态背景减除程序运行结果如图 7-6 所示。由于计算量大，实验台计算机主频速度不够，内存也只有不到 4 GB，所以图形没有很好地展示出来。

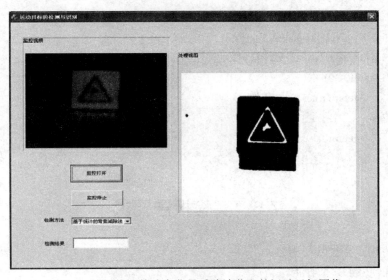

图 7-6　基于统计的动态背景减除法获取的运动目标图像

7.4　相关函数与程序阅读

为了让读者更好地理解实验内容，本书除了提供主要程序外，还增加了相关函数与程序阅读。下面给出的是两帧图像像素点相似比对算法的程序代码。

1) IsEqual(Vec3b& pixel)

```
bool CPixelContianer::IsEqual(Vec3b& pixel)
{
    //给定数据帧与 pixel 数据帧比对
    int d1=pixel[0]-m_pixel[0];
    int d2=pixel[1]-m_pixel[1];
    int d3=pixel[2]-m_pixel[2];
    int result=d1*d1+d2*d2+d3*d3;
    if(result<30)
        return true;    //相似
    else
        return false; //不相似
}
```

2) IsEqual(Vec3b& pixel1,Vec3b& pixel2)

```
bool CPixelContianer::IsEqual(Vec3b& pixel1,Vec3b& pixel2)
{
    //数据帧 pixel1 与数据帧 pixel2 比对
    int d1=pixel1[0]-pixel2[0];
    int d2=pixel1[1]-pixel2[1];
    int d3=pixel1[2]-pixel2[2];
    int result=d1*d1+d2*d2+d3*d3;
    if(result<30)
        return true;    //相似
    else
        return false;    //不相似
}
```

7.5　实验报告要求

实验报告中应包含以下内容：

(1) 各段程序的基本功能。

(2) 程序的组成及各模块/函数功能。

(3) 程序清单(手写或打印后粘贴)。

(4) 程序的运行和测试结果(截图)。

(5) 实验中的问题和心得体会。

(6) 完成思考题并写出测试结果。

思 考 题

1. 除了采用帧间差与背景减除法以外，动态图像捕获还可以采用光流法。试说明光流法。

2. 光流的计算方法大致分为五类：基于匹配的方法、基于梯度的方法、基于频域的方法、基于相位的方法和神经动力学方法。了解相应算法，实现一种算法对运动目标的捕获。

第8章　手写数字图像的识别

8.1　实　验　目　的

· 掌握模式识别的基本原理。
· 掌握基本预处理方法。
· 掌握图像分割的基本方法。
· 掌握特征提取的基本方法。

8.2　相关基础知识

8.2.1　模式识别的基本原理

模式识别(Pattern Recognition)是指通过计算机用数学技术或方法来研究模式的自动处理和判读，主要过程包括未知类别模式分类中的数据采集、预处理、特征提取及分类器设计中的相关操作，模式识别的过程如图 8-1 所示。

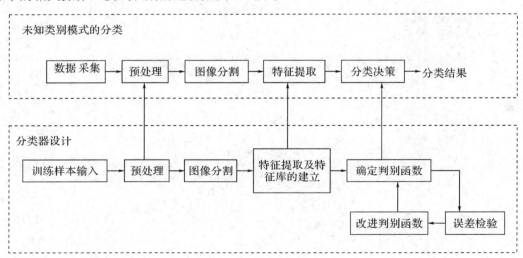

图 8-1　模式识别的过程

预处理包括图像去噪、图像增强、图像的归一化等操作；图像分割即根据图像的特点选取一定的方法分割出图像中待处理的对象；特征提取即根据图像的特点选取合适的算法对图像进行处理，提取图像的特征信息，对图像进行降维处理；特征库的建立即对样本库中所有的样本进行预处理、归一化及特征提取后，将所有样本的特征存放到一个数据文件中或是一个数组中；分类决策、确定判别函数等模块完成的是分类器的设计。

8.2.2　手写数字图像识别的基本原理

手写数字图像识别的基本思想：首先，建立一个图像样本库用来存放手写数字 0～9 的图像；然后，提取样本库中每幅图像的特征，建立样本图像特征库；接下来，在进行数字识别时采用同样的方法提取测试样本图像的特征，并依次分别计算该特征与特征库内数字 0～9 图像之间的距离；最后，将与当前待识别图像距离最近的样本图像作为识别的结果。

1. 图像的预处理

图像的预处理包括手写数字图像去噪和图像的增强。

1) 图像去噪

根据噪声的特点选取一种合适的去除噪声的方法，对采集的原图像进行去噪处理，以便于提取图像的特征。

2) 图像的增强

根据原图像的特点选取一种合适的图像增强方法对其进行增强处理，以便于提取图像的特征。

2. 图像的分割及归一化

1) 图像分割

对一幅手写数字图像，采用逐行扫描的方式找出最上面的一个像素、最下面的一个像素、最左边的一个像素及最右边一个像素，然后分割出仅包含一个数字的图像。

2) 图像归一化

由于分割与去噪操作会导致手写数字图像的大小不太一致，故在进行特征提取之前必须先对图像进行归一化处理。图像归一化采用的方法主要是对图像进行放大或缩小处理。

3. 图像特征提取及训练样本特征库的建立

手写数字图像特征提取的方法较多，常见的方法有基于图像块灰度值、基于图像块像素点数、基于笔画形状等特征提取方法。

建立图像训练样本特征库的具体步骤是：首先将待提取特征的图像划分为若干个子区域，计算每个子区域的像素灰度平均值；将该平均值作为每个子块的特征；最后将所有子块的特征进行连接得到整幅图像的特征值。

假设原始图像大小为 $N \times N$，将其划分为 $n \times n$ 个子块图像，每个子块图像的大小为 $(N/n) \times (N/n)$。计算每个子区域中 $(N/n) \times (N/n)$ 个像素点的像素灰度平均值，通过该平均值进行连接，构成一个数组，将该数组作为图像的特征值。

例如，原始图像大小为 20×20 图像，首先将该图像划分为 5×5 个子块图像，则每个子块图像的大小为 $(20/5) \times (20/5)$，即每个子块内有 16 个元素，结果如图 8-2 所示；再求出每个子块的灰度平均值，结果如图 8-3 所示；最后，将计算得到的各个子块的平均值组成一个数组，以作为原始图像的特征值数组。

165	208	180	158	161	118	195	233	100	113	245	41	192	126	180	77	238	141	0	14
87	45	11	234	205	197	38	116	68	99	6	122	71	249	106	18	43	210	150	215
129	221	95	9	101	86	44	123	203	28	238	176	245	231	199	162	177	56	14	239
164	238	252	98	233	99	17	204	128	18	205	75	153	22	254	245	247	16	191	127
229	123	2	144	112	238	149	197	179	235	132	112	38	21	147	178	78	66	151	206
114	113	229	24	170	157	221	241	251	66	173	85	154	198	30	131	78	193	19	11
42	185	169	150	156	68	32	122	57	111	119	24	24	73	228	131	38	83	245	169
157	162	232	60	86	153	253	51	102	246	28	86	56	130	186	128	146	190	151	169
123	228	221	149	134	178	144	75	70	58	16	85	144	159	159	169	15	43	186	159
213	85	35	135	254	74	117	64	56	61	29	140	19	193	210	77	174	87	237	2
241	115	97	234	40	252	8	141	110	141	48	26	178	90	118	219	209	92	152	93
242	192	14	28	137	197	201	213	123	115	237	201	55	128	191	140	58	248	209	1
156	144	12	11	36	54	175	44	106	197	138	8	207	204	25	245	2	90	233	93
17	129	36	119	162	35	36	47	223	160	234	87	44	118	201	53	93	124	210	139
96	58	115	10	73	247	70	205	207	222	57	214	21	184	169	62	200	23	25	5
2	68	148	155	166	149	130	57	43	2	179	207	0	126	58	219	222	10	177	44
138	180	118	108	89	20	226	241	235	223	71	169	166	198	26	143	64	1	225	81
130	132	52	126	13	19	212	175	79	182	119	81	238	169	234	161	134	42	218	17
219	223	202	168	0	167	131	226	212	198	125	1	10	26	171	145	90	231	24	99
96	55	114	218	24	105	66	52	42	123	215	127	66	143	234	21	11	65	114	249

图 8-2　原图像及划分后的子块

143.37	135.62	116.56	158.12	138
134.56	150.37	125.37	115.62	124.56
147	137.93	95.37	140.56	122.81
79.75	105.37	142.75	121	105.62
142.43	110.37	137.62	128.18	104.06

图 8-3　每个子块的平均值

采用同样的方法处理训练样本库中的每一幅图像，将该库中所有图像的特征值存放到一个二维数组中，训练样本特征库就成功建立了。

4. 分类器的设计

在模式识别中，分类器的种类很多，常见的有距离测度分类器、基于概率统计的贝叶斯分类器、判别函数分类器、神经网络分类器、决策树分类器、粗糙集分类器等。

设两个样本 X_i 和 X_j 的特征向量分别为 $\boldsymbol{X}_i = (x_{i1}, x_{i2}, \cdots, x_{in})^{\mathrm{T}}$ 和 $\boldsymbol{X}_j = (x_{j1}, x_{j2}, \cdots, x_{jn})^{\mathrm{T}}$。这两个样本可能在同一类中，也有可能不在同一类中。通过计算样本与样本之间的距离来确定样本是否属于同一类。

样本与样本之间的距离有 4 种常见的计算方法，分别是欧氏距离法、夹角余弦距离法、二值夹角余弦法和具有二值特征的 Tanimoto 测度距离法。

待测试样本到类之间的距离的具体计算方法如下：

设 ω 代表某类样本的集合，ω 中有 N 个样本，X 为某一个待测样本，则待测样本和类

之间的距离的计算方法有以下两种:

(1) 计算待测样本到 ω 类内各个样本之间的欧氏距离,将这些距离求和,取平均值作为待测样本与该类之间的距离。利用式(8-1)计算待测样本与类之间的距离。

$$\overline{D^2(X,\omega)} = \frac{1}{N}\sum_{i=1}^{N}D^2(X,X_i^{(\omega)}) = \frac{1}{N}\sum_{i=1}^{N}\sum_{k=1}^{N}\left|x_k - x_{ik}^{(\omega)}\right|^2 \tag{8-1}$$

(2) 计算 ω 类的中心点 $M(\omega)$,以 ω 中所有样本特征的平均值作为类中心,再利用式 (8-2)计算待测样本到 ω 类的中心点 $M(\omega)$ 的距离。

$$D^2(X,\omega) = D^2(X,M^{(\omega)}) = \sum_{k=1}^{N}\left|x_k - m_k^{(\omega)}\right|^2 \tag{8-2}$$

5. 待测图像的识别

首先计算特征库中每一类的中心点 $M(\omega)$,再计算待测样本到各类的中心点 $M(\omega)$ 的欧氏距离。求出待测样本到所有类的距离的最小值,那么距离最小的这一类就是待识别对象的类。

6. 识别率的计算

图像的识别率包括正确识别率和错误识别率。正确识别率等于测试样本库中样本正确识别的个数除以测试样本库中样本总数,错误识别率等于 1 减去正确识别率。

8.3　实验内容

本实验的实验内容为手写数字识别,采用基于图像块灰度值的特征提取方法,用欧氏距离法计算两个样本之间的距离,用距离测度分类器对样本进行分类。步骤如下:

1) 建立训练样本库和测试样本库

建立手写数字图像训练样本库和测试样本库的方法通常两种方法,一种是将若干个手写数字 0~9 写在一幅图像中作为训练样本库和测试库,如图 8-4 所示;另一种是将一个手写数字作为一幅手写数字图像,训练样本库中有若干个 0~9 的各种手写数字图像,测试库中同样也有若干幅 0~9 的手写数字图像。

2) 对训练样本库和测试样本库中的所有样本进行图像预处理

不管采用哪种方式建立训练样本库和测试库,都需要对样本库中的样本图像进行相应的预处理,其目的是为了剔除图像中的噪声并使得图像更加清晰,便于图像特征的提取。通常情况下,图像的预处理包括图像的增强、图像的去噪等操作。在一般的实验中均采用经典的方法进行图像的预处理。本实验中使用一幅清晰的图像,所以程序代码中无预处理操作。

3) 手写数字图像的分割

数字图像分割通常需要采用一定的方法(前述数字图像处理的方法)将手写数字图像中的数字逐一地从图像中分割出来。由于分割出来的数字大小不一定相同,所以需要采用缩放的方式将其归一化成大小为 20×20 的图像,便于图像后续的特征提取和识别。本实验的训练样本库如图 8-4 所示。将样本库中的每个手写数字分割成大小为 20×20 大小的图像，由于这些图像本身较小，故不需要降维处理，直接将其作为特征库中的一行或一列。

图 8-4　手写数字图像训练样本库

4) 建立样本特征库

是否进行特征提取取决于每一幅图像本身的大小，若原图像很小，则不需要提取特征；若原图像较大，则通过提取图像的特征信息进行图像的降维。本实验分割的手写数字图像大小为 20×20，图像较小，故不需要进行特征提取，直接将整幅图像作为图像的特征。将分割出的每一类别的手写数字图像的前 400 幅图像作为训练样本库，后 100 个作为测试样本库。

5) 计算欧氏距离

循环计算待测试样本的特征与训练样本特征库中的每类样本特征之间的欧氏距离，找出距离待测样本最近的已知样本，该已知样本类别就是待测样本的类别。

6) 计算正确识别率

对测试样本库中的所有样本进行识别，统计出正确识别的图像数量，计算出正确识别率和错误识别率并显示。

手写数字图像识别算法的实现是直接利用 OpenCV 提供的手写数字的样本图像及 KNN 函数来完成的。程序实现如下：

(1) 在 D:\data\文件夹中建立 10 个分别以数字 0～9 作为文件夹名的子文件目录；然后，将样本图像中的 5000 个手写数字分割出来，将分割出来的图像存放到对应的文件夹中，每个数字文件夹中 500 个手写数字图像。

程序如下：

```cpp
#include <opencv2/opencv.hpp>
#include <iostream>
using namespace std;
using namespace cv;
int main()
{
    char ad[128]={0};
```

```
        int    filename = 0, filenum=0;
        Mat img = imread("digits.png");
        Mat gray;
        cvtColor(img, gray, CV_BGR2GRAY);
        int b = 20;
        int m = gray.rows / b;              //原图为 1000 × 2000
        int n = gray.cols / b;              //裁剪为 5000 个 20 × 20 的小图块
        for (int i = 0; i< m; i++)
        {
            int offsetRow = i*b;            //行上的偏移量
            if(i%5==0&&i!=0)
            {
                filename++;
                filenum=0;
            }
            for (int j = 0; j < n; j++)
            {
                int offsetCol = j*b;        //列上的偏移量
                sprintf_s(ad, "D:\\data\\%d\\%d.jpg",filename,filenum++);
                //截取 20 × 20 的小块
                Mat tmp;
                gray(Range(offsetRow, offsetRow+b), Range(offsetCol, offsetCol+b)).copy To(tmp);
                imwrite(ad, tmp);
            }
        }
        return 0;
    }
```

(2) 上述程序已经将 5000 张手写数字图像分别放进了 10 个文件夹里，现在把其中每个类别中的前 400 幅用作训练样本，后 100 幅作为测试样本。

程序如下：

```
    #include <iostream>
    #include <opencv2/opencv.hpp>
    #include <opencv2/ml/ml.hpp>
    using namespace std;
    using namespace cv;
    char ad[128]={0};
    int main()
    {
        Mat traindata, trainlabel;
```

```
int k=5, testnum=0, truenum=0;
//读取训练样本图像 400 幅
for (int i = 0; i< 10; i++)
{
    for (int j =0;j<400;j++)
    {
        sprintf_s(ad, "D:\\data\\%d\\%d.jpg", i, j);
        Mat srcimage = imread(ad);
        srcimage = srcimage.reshape(1, 1);
        traindata.push_back(srcimage);
        trainlabel.push_back(i);
    }
}
traindata.convertTo(traindata,CV_32F);
CvKNearestknn( traindata, trainlabel, cv::Mat(), false, k );
cv::Mat nearests( 1, k, CV_32F);
//读取测试样本图像 100 幅
for (int i = 0; i< 10; i++)
{
    for (int j =400;j<500;j++)
    {
        testnum++;
        sprintf_s(ad, "D:\\data\\%d\\%d.jpg", i, j);
        Mat testdata = imread(ad);
        testdata = testdata.reshape(1, 1);
        testdata.convertTo(testdata, CV_32F);
        int    response = knn.find_nearest(testdata, k, 0, 0, &nearests, 0);
        if (response==i)
        {
            truenum++;
        }
    }
}
cout<<"测试总数"<<testnum<<endl;
cout<<"正确分类数"<<truenum<<endl;
cout<<"准确率: "<<(float)truenum/testnum*100<<"%"<<endl;
    return 0;
}
```

程序执行的结果是输出测试样本数、正确分类数及准确率。

8.4 实验报告要求

实验报告中应包含以下内容：
(1) 各段程序的基本功能。
(2) 程序的组成及各模块/函数的功能。
(3) 程序清单(手写或打印后粘贴)。
(4) 程序的运行和测试结果(截图)。
(5) 实验中的问题和心得体会。

思 考 题

1. 在提取图像特征时，能否提取一幅图像的多个特征，并将这些多特征进行融合，进而实现多特征融合的手写数字图像识别？

2. 为什么在图像预处理时需要对图像进行归一化处理？

3. 手写数字图像分割通常有哪些方法？哪种方法更适合用于特征提取前的分割？

4. 编写程序完成一幅仅包含一个手写数字的图像的识别算法。

第9章　织物疵点检测

9.1　实验目的

- 了解织物疵点的概念、种类。
- 了解基于图像分类和基于对象检测的织物疵点检测方法。
- 了解基于图像识别的织物疵点检测原理，掌握一种基于图像识别的织物疵点检测算法。

9.2　相关基础知识

9.2.1　背景

近年来，纺织产品的质量控制越来越受到重视，对织物进行疵点检测以提高纺织产品的质量成为主要的质量控制途径之一。织物疵点是影响织物质量的主要因素。据报道，织物疵点的存在会使织物的价格降低 45%～65%。传统的织物疵点检测通常是由人工来完成的，检测速度约为每分钟 10 米。当前，机器视觉作为一项新兴的工业自动化技术在各行各业得到了广泛应用。机器视觉可作为自动化系统的"眼睛"，替代人工进行产品的识别、定位、缺陷检查、运动引导等工作，在高速流水线、危险环境、高重复性动作、高精密度检查等人力越来越难以胜任的场合发挥着重要作用。作为机器视觉技术中非常重要的一个分支，自动化视觉检测（AVI，Automated Visual Inspection）在纺织工业领域得到了广泛应用，已成为现代纺织工业的必备环节，克服了人工织物疵点检测个体差异大、稳定性差（疲劳度与外界因素影响）、效率低下、重复性差等缺点，在纺织工业的产品质量控制与制造水平提升方面发挥着越来越大的作用。

9.2.2　疵点的概念

织物疵点的种类繁多，图 9-1 列出其中的三种织物疵点的样例。从表征形式而言，织物疵点与正常的织物纹理具有较大的差距。织物疵点检测的目的就是从正常的织物纹理中检测出异常情况（各种织物疵点）。可利用图像识别算法对织物中存在的疵点进行检测，达到甄别合格织物与疵点织物的目的。

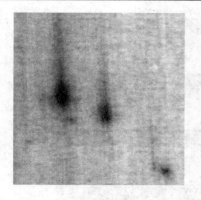 

(a) 区域类(油渍)   (b) 经向类(经向疵点)

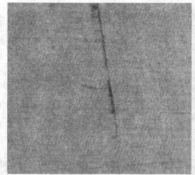

(c) 纬向类 (脱纬和斜向纬)

图 9-1 织物疵点

9.2.3 疵点的检测方法

基于图像识别算法的织物疵点检测方法分为两类，即基于图像分类(Image Classification)的织物疵点检测和基于对象检测(Object Detection)的织物疵点检测。

1. 基于图像分类的织物疵点检测

基于图像分类的织物疵点检测是指在检测前仅对织物正常纹理样本进行学习以获取其纹理特性，并根据该特性建立一个判别标准。在检测时如果某一区域的织物图像样本符合正常纹理的纹理特性，即符合判别标准，则认为该区域为正常区域，否则认为该区域为织物疵点区域。

2. 基于对象检测的织物疵点检测

基于对象检测的织物疵点检测是在一个特定的检测环境中预先已知织物疵点的种类，识别待检测的织物图像样本是否符合此种类，从而判别其是否含有疵点。

按照上述检测分类方法定义了织物疵点检测框架，如图 9-2 所示。框架分为三个层次，底层是图像处理，输入是图像，输出还是图像；中层是图像分析，输出定量的描述性数据；高层是图像理解，输出包括对输入图像所反映的客观世界的理解和解释。

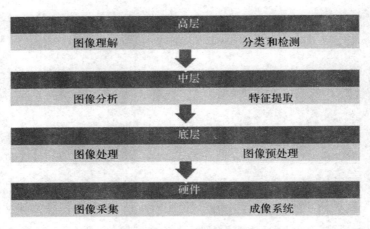

图 9-2　织物疵点检测框架

9.2.4　织物疵点的检测流程

　　织物疵点检测流程如图 9-3 所示，图像采集完成后，需对图像进行预处理操作（图像预处理的目的是矫正图像采集过程中的失真，实验过程中假设设备均工作在最佳状态，可省略图像预处理这个步骤），然后将预处理过的图像按照图像分类和对象检测的算法对织物进行疵点检测。

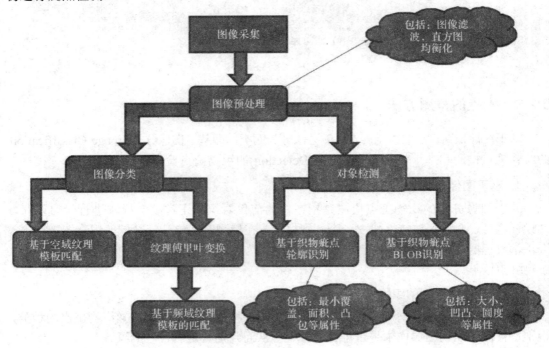

图 9-3　织物疵点检测流程

　　图像分类算法可分为空域纹理模板匹配法和频域纹理模板匹配法；对象检测算法可分为织物疵点轮廓识别法和织物疵点 BLOB 识别法。下面分别讲述这四种算法。

1. 空域纹理模板匹配法

空域纹理模板匹配方法将按照正常织物纹理建立的模板作为判别标准。模板匹配时，如果某一区域织物图像样本符合正常纹理的纹理特性，即符合判别标准，则认为该图像区域为正常区域，否则认为该图像区域为织物疵点区域。

2. 频域纹理模板匹配法

正常织物的纹理通常是按照一定间隔不断重复的密集图像，频域的某一频率分量占主要部分。因此，可通过傅里叶变换提取正常图像的主要频率分量建立模板作为判别标准。模板匹配时，如果某一区域织物图像样本符合正常纹理的频率特性，即符合判别标准，则认为该图像区域为正常区域，否则认为该图像区域为织物疵点区域。

3. 织物疵点轮廓识别法

形状是物体重要的视觉特征，而轮廓就是我们看到的物体的形状。轮廓识别就是提取物体的形状信息进行判别。在纺织工业领域，国家制定了对象检测中形状特征对应的织物疵点标准。根据国家标准中疵点形状的定义，可以通过检测织物图像的形状对应的轮廓，得到织物图像的面积、最小覆盖及凹凸包等特征，从而识别是否存在织物疵点和织物疵点的类型。

4. 织物疵点 BLOB 识别法

BLOB 翻译成中文是"一滴""一抹""一团""弄脏""弄错"的意思。在图像处理中，BLOB 是指图像中具有相似颜色、纹理等特征的一片连通区域。BLOB 分析就是将图像进行二值化，分割得到前景和背景，然后进行连通区域检测，得到 BLOB 块的过程。BLOB 检测就是在一块"光滑"区域内寻找出"灰度突变"的小区域。

依据国家标准中疵点形状的定义，织物图像像素点的集合组成对应形状的大小、凹凸和圆度等形状特征，然后与 BLOB 形状描述参数比对，从而识别出织物疵点。BLOB 形状描述参数如图 9-4 所示。

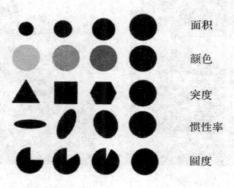

图 9-4　BLOB 形状描述参数示例

9.2.5　纺织工业领域的疵点检测硬件系统

如图 9-5 所示，纺织工业领域的织物疵点检测系统由滚筒设备、同步盒、转速编码器、采集卡、高性能计算机和高速相机组成。把待测的织物绕在滚筒上，电机旋转带动织物移动。滚筒设备连接转速编码器，由编码器计算滚筒的转速，然后传给同步盒。同步盒生成同步信号传输给采集卡自动调节相机的拍摄频率，从而使得相机的拍摄与滚筒的转速同步。通过调整两个 LED 灯与滚筒之间的距离和角度，使光线集中到滚筒最前侧的切线面上。相机拍摄的织物图像通过采集卡传输给计算机，由计算机对得到的织物疵点图像进行处理分析。图像的质量可通过调整相机与滚筒之间的距离、相机的光圈和焦距来改善。

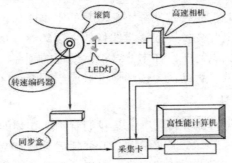

图 9-5　纺织工业领域的织物疵点检测硬件检测系统

9.2.6　相关实验环境设施介绍

实验采用的相关硬件如图 9-6 所示，它是图 9-5 所示疵点检测设备的简化版本。为了突出数字图像处理部分，省略了转速编码器、同步盒和采集卡，同时将滚筒改为皮带式传送带，简化了设备的机械系统和光学系统，节省了成本。纺织工业领域的疵点检测硬件系统通常采用价格昂贵的线阵相机，考虑到实验成本，这里采用普通数码相机。传送带采用直流电机匀速牵引，可调整电机转速。

　　　　（a）传送带　　　　　　　　　　　（b）相机

图 9-6　实验环境设施

9.3　实验内容

织物疵点检测的目的是，从正常织物图像中识别出异常点，并且给出异常点的某些形状描述特性参数。本实验采用轮廓识别法与 BLOB 识别法来检测疵点，标识出织物的疵点。

1. 图像采集

将一块涂有墨迹的白色织物放置到传送带上，墨迹就作为白色织物的疵点。利用 OpenCV 函数通过相机获取实时图像，以文件形式保存图像，为疵点检测做准备。

程序如下：

```
#include "opencv\highgui.h"
#include"cv.h"
#include"windows.h"
using namespace cv;
int main()
{
    //----------从相机获取图片并存文件-----------//
    VideoCapture Video;
    Video.open(0);
    if (!Video.isOpened())
    {
        std::cout << "未检测到相机" << std::endl;
        Sleep(3000);
        exit(-1);
    }

    //采集视频图像，显示该视频
    Mat frame;
    Video >> frame;
    imshow("采集开始：", frame);

    //将采集图像以文件保存形式保存
    char* fileName="flaw.jpg";
    imwrite(fileName, frame);
    waitKey(50);

    return 0;
}
```

图 9-7 所示是采集的图像。

2. 织物疵点轮廓识别法

首先采用 OpenCV 中的坎尼算法进行边缘检测，识别图像中对象的边缘；然后调用 findContours 函数获得图像中对象的轮廓；调用 contourArea 函数计算每一个对象轮廓内部的面积；

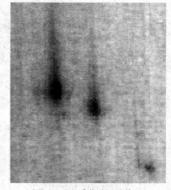

图 9-7　采集的图像

再调用 drawContours 函数在结果图像中画出得到的轮廓图像。

程序如下：

```
#include "stdafx.h"
#include<opencv2\highgui\highgui.hpp>
#include<opencv2\imgproc\imgproc.hpp>
#include<iostream>
using namespace std;
using namespace cv;

int main()
{
    //读入原图像
    Mat src = imread( "flaw.jpg" );
    if( !src.data )
    {
        cout<<"没有原图像"<<endl;
        return 0;
    }
    Mat dst=Mat::zeros(src.rows, src.cols, CV_8UC3);
    Mat canny_output;
    vector<vector<Point>> contours;
    vector<Vec4i> hierarchy;
    RNG rng;    //随机数生成函数类
    vector<double> area;

    //使用砍尼算法检测原图像边缘
    Canny(src,canny_output,100,200);

    //找到图像轮廓
    findContours(canny_output, contours, hierarchy, CV_RETR_TREE,
CV_CHAIN_APPROX_SIMPLE, Point(0, 0));

    //画出图像轮廓并计算各个轮廓内的面积
    Mat drawing = Mat::zeros(canny_output.size(),CV_8UC3);
    for (unsigned int i=0; i<contours.size(); i++)
    {
        Scalar color = Scalar(rng.uniform(0, 255), rng.uniform(0, 255),
rng.uniform(0, 255));
        drawContours(drawing,contours, i, color, 2, 8, hierarchy, 0, Point());
```

```
        area.push_back(contourArea(contours[i]));    //计算各个轮廓内的面积
    }

    //输出找到的轮廓数量
    cout<<area.size()<<endl;

    //显示轮廓图像
    imshow("图像轮廓", drawing);
    waitKey();
    return 0;
}
```

图 9-8 所示是程序运行所得的轮廓图像。

图 9-8 轮廓图像

3. 织物疵点 BLOB 识别法

首先采用 OpenCV 中的 SimpleBlobDetector::Params 参数描述疵点图像；然后采用 SimpleBlobDetector 函数获得图像中符合上述参数的像素点，并且通过调用 drawKeypoints 函数将这些像素点的位置在原始图像中标识出来。

程序如下：

```
#include "stdafx.h"
#include "opencv2/highgui/highgui.hpp"
#include "opencv2/imgproc/imgproc.hpp"
#include "opencv2/calib3d/calib3d.hpp"
#include <iostream>
using namespace std;
using namespace cv;

int main(){
```

```
//读入原图像
Mat img = imread("flaw.jpg",IMREAD_GRAYSCALE);
if( img.empty())      return -1;

//定义 BLOB 检测参数
SimpleBlobDetector::Params params;
//阈值控制
params.minThreshold = 10;
params.maxThreshold = 200;
/*
    下面定义 BLOB 形状描述参数
*/
//像素面积大小控制
params.filterByArea = true;
params.minArea = 70;
//形状（圆度）
params.filterByCircularity = false;
params.minCircularity = 0.7;
//形状（凸度）
params.filterByConvexity = true;
params.minConvexity = 0.9;
//形状（惯性率）
params.filterByInertia = false;
params.minInertiaRatio = 0.5;

//调用 BLOB 检测算法
SimpleBlobDetector detector(params);
vector<KeyPoint> keypoints;
detector.detect(img, keypoints);

//生成标识有检测结果的图像
Mat img_with_keypoints;
drawKeypoints(img,keypoints, img_with_keypoints, Scalar(0, 0, 255),
DrawMatchesFlags::DRAW_RICH_KEYPOINTS);
//显示检测结果图像
imshow("keypoints", img_with_keypoints);
waitKey(0);
return 0;
}
```

程序运行结果如图 9-9 所示。

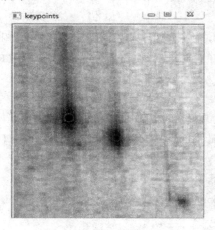

图 9-9 检测结果图像

9.4 相关函数和程序阅读

1. 纹理傅里叶变换

采用 OpenCV 中的离散傅里叶变换函数对程序输入的图像做傅里叶变换，形成频域模板，显示傅里叶变换后的图像。

程序如下：

```
#include "stdafx.h"
#include <opencv2/core/core.hpp>
#include <opencv2/imgproc/imgproc.hpp>
#include <opencv2/highgui/highgui.hpp>
#include <iostream>
using namespace std;
using namespace cv;

int main(int argc, char ** argv)
{
    const char* filename = "flaw.jpg";
    Mat I = imread(filename, CV_LOAD_IMAGE_GRAYSCALE);
    if(I.empty())
        return -1;
    Mat padded;

    //获取图像边界的大小
    int m = getOptimalDFTSize( I.rows );
```

```
int n = getOptimalDFTSize( I.cols );
```

//图像边界添加 0，使原图像行列成为处理速度最快的优化大小
```
copyMakeBorder(I, padded, 0, m-I.rows, 0, n-I.cols, BORDER_CONSTANT,
Scalar::all(0));
```

//定义包含两个分离通道的图像，然后合并为一个多通道的图像
```
Mat planes[]={Mat_<float>(padded), Mat::zeros(padded.size(), CV_32F)};
Mat complexI;
```
//用 0 加入另一面
```
merge(planes,2,complexI);
```

//离散傅里叶变换
```
dft(complexI, complexI);
    /*
        多通道图像拆分为两个分离通道的图像
            planes[0]=Re(DFT(I), planes[1]=Im(DFT(I))
    */
split(complexI, planes);
```

//计算幅度
```
magnitude(planes[0], planes[1], planes[0]);
Mat magI = planes[0];
```

//转换为对数表示
```
magI += Scalar::all(1);
log(magI, magI);
```

// 调整傅里叶变换图像的坐标，使中心在坐标原点
```
magI = magI(Rect(0, 0, magI.cols & -2, magI.rows & -2));
int cx = magI.cols/2;
int cy = magI.rows/2;
Mat q0(magI, Rect(0, 0, cx, cy));
Mat q1(magI, Rect(cx, 0, cx, cy));
Mat q2(magI, Rect(0, cy, cx, cy));
Mat q3(magI, Rect(cx, cy, cx, cy));

Mat tmp;
q0.copyTo(tmp);
```

```
q3.copyTo(q0);
tmp.copyTo(q3);
q1.copyTo(tmp);
q2.copyTo(q1);
tmp.copyTo(q2);

//图像幅度归一化在 0 到 1 之间
normalize(magI, magI, 0, 1, CV_MINMAX);

//显示原图像和傅里叶变换后图像频谱的幅度
imshow("Input Image" , I );
imshow("spectrum magnitude", magI);
waitKey();
return 0;
}
```
显示原图像和傅里叶变换后所得图像频谱的幅度如图 9-10 所示。

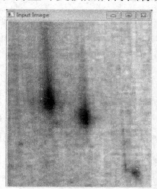 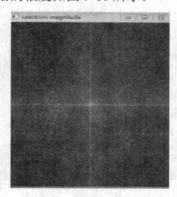

(a) 原图　　　　　　　(b) 图像对应的频谱幅度图

图 9-10　原图像和傅里叶变换后图像频谱的幅度

2. 基于空域和频域纹理模板的匹配

采用 OpenCV 的模板匹配函数寻找两幅图像的最佳匹配，并且显示匹配后的图像。
程序如下：

```
#include "stdafx.h"
#include "opencv2/highgui/highgui.hpp"
#include "opencv2/imgproc/imgproc.hpp"
#include <iostream>
#include <stdio.h>
using namespace std;
using namespace cv;
```

```
//全局变量
Mat img; Mat templ; Mat result;
char* image_window = "Source Image";
char* result_window = "Result window";
int match_method;
int max_Trackbar = 5;

//函数头
void MatchingMethod( int, void* );

//主函数
int main( int argc, char** argv )
{
    //读入原图像和模板图像
    img = imread( "flaw.jpg", 1 );
    if( !img.data )
    {
        cout<<"没有原图像"<<endl;
        return -1;
    }
    templ = imread( "templ.jpg", 1 );
    if( !templ.data )
    {
        cout<<"没有模板图像"<<endl;
        return -1;
    }
    //生成显示窗口
    namedWindow( image_window, CV_WINDOW_AUTOSIZE );
    namedWindow( result_window, CV_WINDOW_AUTOSIZE );

    //生成滑动条，选择匹配参数，进行模板匹配
    char* trackbar_label="Method: \n 0: SQDIFF \n 1: SQDIFF NORMED \n 2: TM CCORR \n 3:
TM CCORR NORMED \n 4:TM COEFF \n 5:TM COEFF NORMED";
    createTrackbar(    trackbar_label,    image_window,    &match_method,    max_Trackbar,
MatchingMethod );
    MatchingMethod( 0, 0 );    //调用模板匹配函数

    waitKey(0);
    return 0;
```

```
        }

    //模板匹配函数
    void MatchingMethod( int, void* )
    {
        //得到原图像
        Mat img_display;
        img.copyTo( img_display );
        //定义结果矩阵
        int result_cols = img.cols - templ.cols + 1;
        int result_rows=img.rows-templ.rows +1;
        result.create( result_cols, result_rows, CV_32FC1 );

        //模板匹配和归一化
        matchTemplate( img, templ, result, match_method );
        normalize( result, result, 0, 1, NORM_MINMAX, -1, Mat() );

        //在结果矩阵中找最大值和最小值
        double minVal; double maxVal; Point minLoc; Point maxLoc;
        Point matchLoc;
        minMaxLoc( result, &minVal, &maxVal, &minLoc, &maxLoc, Mat() );

        //采用 SQDIFF 和 SQDIFF_NORMED 进行匹配,最佳匹配判定是存在最小值;
        若采用其他匹配办法，最佳匹配判定是存在最大值
        if( match_method == CV_TM_SQDIFF || match_method == CV_TM_SQDIFF_NORMED )
            { matchLoc=minLoc;}
        else
                { matchLoc= maxLoc;}

        //显示匹配结果图像
        rectangle( img_display, matchLoc, Point( matchLoc.x + templ.cols , matchLoc.y + templ.rows ),
Scalar::all(0), 2, 8, 0 );
        rectangle( result, matchLoc, Point( matchLoc.x + templ.cols , matchLoc.y + templ.rows ),
Scalar::all(0), 2, 8, 0 );
        imshow( image_window, img_display );
        imshow( result_window, result );
        return;
            }
```

程序运行结果如图 9-11 所示。

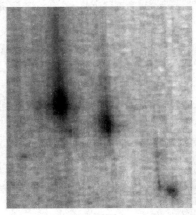  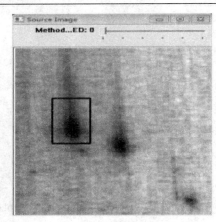

　　　(a) 原图　　　　　　　(b) 疵点模板图　　　　　　(c) 检测效果图

图 9-11　图像模板匹配

3. BLOB 的形状描述参数

BLOB 的形状描述参数定义如下：

```
SimpleBlobDetector::Params::Params()
{
    thresholdStep = 10;      //二值化的阈值步长
    minThreshold = 50;       //二值化的起始阈值
    maxThreshold = 220;      //二值化的终止阈值
    /*
    重复的最小次数，只有二值图像区域数量大于该值时，该灰度图像区域才被认为是特征点
    */
    minRepeatability = 2;


    /*
    最小的 BLOB 距离，不同二值图像的 BLOB 间距离小于该值时，被认为是同一个位置的
BLOB，否则是不同位置上的 BLOB
    */
    minDistBetweenBlobs = 10;
    //BLOB 颜色的限制变量
    filterByColor = true;
    //表示只提取黑色 BLOB；如果该变量为 255，则表示只提取白色 BLOB
    blobColor = 0;

    filterByArea = true;         //BLOB 面积的限制变量
    minArea = 25;                //BLOB 的最小面积
    maxArea = 5000;              //BLOB 的最大面积
```

```
    filterByCircularity = false;         //BLOB 圆度的限制变量，默认是不限制
    minCircularity = 0.8f;               //BLOB 的最小圆度

    //BLOB 的最大圆度，所能表示的 float 类型的最大值
    maxCircularity = std::numeric_limits<float>::max();

    filterByInertia = true;              //BLOB 惯性率的限制变量
    minInertiaRatio = 0.1f;              //BLOB 的最小惯性率
    maxInertiaRatio = std::numeric_limits<float>::max();    //BLOB 的最大惯性率
    filterByConvexity = true;            //BLOB 凸度的限制变量
    //BLOB 的最小凸度
    minConvexity = 0.95f;
    //BLOB 的最大凸度
    maxConvexity = std::numeric_limits<float>::max();
}
```

9.5　实验报告要求

实验报告中应包含以下内容：
(1) 各段程序的基本功能。
(2) 程序的组成及各模块/函数功能。
(3) 程序清单（手写或打印后粘贴）。
(4) 程序的运行和测试结果（截图）。
(5) 实验中的问题和心得体会。

思　考　题

1．在哪些情况下需要使用图像预处理？
2．除了纹理、轮廓和 BLOB 特征，还可以提取哪些织物疵点的特征？
3．织物疵点的检测和识别还有哪些方法？

参 考 文 献

[1]　杨淑莹，张桦，陈胜勇. 数字图像处理：Visual Studio C++ 技术实现[M]. 北京：科学出版社，2017.

[2]　冈萨雷斯，伍兹. 数字图像处理[M]. 3 版. 阮秋琦，阮宇智，等译. 北京：电子工业出版社，2011.

[3]　章毓晋. 图像工程[M]. 3 版. 北京：清华大学出版社，2012.

[4]　章毓晋. 图像处理和分析教程[M]. 2 版. 北京：人民邮电出版社，2016.

[5]　葛罗瑞亚·布埃诺·加西亚，等. OpenCV 图像处理[M]. 刘冰，译. 北京：机械工业出版社，2016.

[6]　罗伯特·拉戈尼尔. OpenCV 计算机视觉编程攻略[M]. 3 版. 相银初，译. 北京：人民邮电出版社，2018.

[7]　罗伯特·拉戈尼尔. OpenCV 2 计算机视觉编程手册[M]. 张静，译. 北京：科学出版社，2013.

[8]　李俊山，李旭辉. 数字图像处理[M]. 2 版. 北京：清华大学出版社，2013.

[9]　孙正. 数字图像处理与识别[M]. 北京：机械工业出版社，2016.

[10]　朱伟，等. OpenCV 图像处理编程实例[M]. 北京：电子工业出版社，2016.

[11]　李立宗. OpenCV 编程案例详解[M]. 北京：电子工业出版社，2016.

[12]　张学工. 模式识别[M]. 3 版. 北京：清华大学出版社，2010.

[13]　姚敏，等. 数字图像处理[M]. 北京：机械工业出版社，2008.